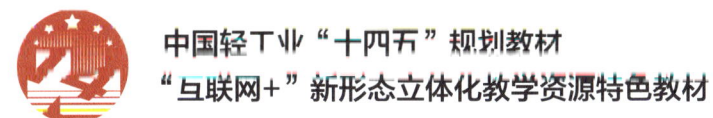

中国轻工业"十四五"规划教材
"互联网+"新形态立体化教学资源特色教材

现代产品成型设计与工艺

张公明　王　冰　编著

中国轻工业出版社

图书在版编目（CIP）数据

现代产品成型设计与工艺 / 张公明，王冰编著. —北京：中国轻工业出版社，2024.12
ISBN 978-7-5184-4256-0

Ⅰ.①现… Ⅱ.①张… ②王… Ⅲ.①工业产品—产品设计 ②工业产品—成型加工 Ⅳ.①TB472

中国国家版本馆CIP数据核字（2023）第217677号

责任编辑：李　红　　责任终审：劳国强　　设计制作：锋尚设计
策划编辑：李　红　　责任校对：朱燕春　　责任监印：张京华

出版发行：中国轻工业出版社（北京鲁谷东街5号，邮编：100040）
印　　刷：艺堂印刷（天津）有限公司
经　　销：各地新华书店
版　　次：2024年12月第1版第1次印刷
开　　本：870×1140　1/16　印张：9.5
字　　数：300千字
书　　号：ISBN 978-7-5184-4256-0　定价：59.80元
邮购电话：010-85119873
发行电话：010-85119832　010-85119912
网　　址：http://www.chlip.com.cn
Email：club@chlip.com.cn
版权所有　侵权必究
如发现图书残缺请与我社邮购联系调换
220822J1X101ZBW

前言

党的二十大报告指出:"从现在起,中国共产党的中心任务就是团结带领全国各族人民全面建成社会主义现代化强国、实现第二个百年奋斗目标,以中国式现代化全面推进中华民族伟大复兴。"在这过程中,设计人才已成为推动产业升级和提高文化自信的助力器。设计是加快建设美丽中国、全面推进乡村振兴的重要组成部分。特别是产品设计,它不仅是对产品功能、形态、结构等进行综合优化的创新过程,还是将原材料通过设计转化为既美观又实用的产品的关键环节。产品成型技术和加工工艺即这一过程的核心环节,涉及从原材料的加工到产品的最终形成。随着现代社会科技发展,越来越多的先进成型技术和加工工艺得以实现产业化应用。为了帮助设计从业人员更好地理解现代产品设计中的成型技术和加工工艺,本书对相关内容进行了系统编排,涵盖了逆向工程、增材制造、虚拟雕刻、手板制作、快速模具制作以及增材制造常用材料等方面。具体内容如下:

第一章:逆向工程技术。目前逆向工程技术已被广泛应用于汽车制造、航空产品、机械设备制造、个性化定制设计等行业,也是工业设计中不可或缺的开发手段。本章主要介绍了逆向工程产生的背景、原理、应用模式及领域、逆向工程开发流程、数据的采集及处理,以及用于逆向工程的软件Geomagic Wrap的使用。

第二章:增材制造技术。增材制造技术不受零件几何形状的限制,能够制造出常规加工工艺与技术无法实现的复杂几何形状零件的模型,可协助设计师快速实现设计方案,也可帮助企业大幅缩短产品研发周期,是企业增强市场竞争力的有力工具。本章主要介绍了增材制造技术产生的背景、工作原理、应用领域、常用材料、数据处理及Ultimaker Cura软件的使用。

第三章:虚拟雕刻技术。虚拟雕刻技术利用力反馈和触觉反馈技术使设计师能够像在现实中雕刻一块泥土一样进行建模,显著缩短了设计师与造型之间的距离,使产品设计得到了突破性进展。本章主要介绍了虚拟雕刻建模技术与传统建模的区别和联系以及Geomagic FreeForm 虚拟雕刻系统、虚拟雕刻系统在设计中的应用实例。

第四章:手板模型制作。手板模型制作是在新产品制造模具之前根据设计师的图纸制作出用于验证结构、功能或外观是否符合设计需求的模型的过程。该过程可避免直接开模的风险,并使产品上市周期显著缩短。本章主要介绍了手板模型制作的过程、应用、常用材料以及手板模型制作的后处理工艺流程。

第五章:快速模具技术。快速模具技术是一种适应市场需求,能够快速、低成本生产模具的新工艺,也是当代设计师需要了解并掌握的技术。本章主要介绍了快速模具技术与传统模具制

造的异同点，硅胶模具、快速铸造模具以及绿色模具设计与制造和相应操作案例。

第六章：产品成型用材料。工业设计活动最终要落到使用某些材料及加工工艺制造出具有某种质感和功能的产品上，因此工业设计师必须熟悉相关材料及其成型的基础知识。本章主要介绍了用于增材制造的金属、无机非金属以及高分子材料，并配合案例介绍了其相关实际应用。

本书可作为普通高等院校设计类专业的教材，也可供相关工程技术人员参考。

由于编者水平有限，书中不妥与疏漏之处在所难免，敬请读者批评指正。

编著者

目录

001	第一章	逆向工程技术
001	第一节	逆向工程简介
005	第二节	逆向工程的应用模式
008	第三节	逆向工程的应用领域
011	第四节	逆向工程开发流程
028	第五节	Geomagic Wrap软件的使用
037	第二章	增材制造技术
037	第一节	增材制造技术简介
039	第二节	增材制造技术原理
040	第三节	增材制造技术的典型工艺
056	第四节	主要增材制造成型工艺的比较
058	第五节	增材制造技术在产品设计研发中的作用
058	第六节	增材制造技术的应用案例
064	第七节	增材制造技术的发展方向与新工艺
075	第八节	增材成型技术数据处理
080	第三章	虚拟雕刻技术
080	第一节	传统建模技术
081	第二节	虚拟雕刻技术
083	第三节	Geomagic FreeForm 虚拟雕刻系统
088	第四章	手板模型制作
088	第一节	手板模型简介
091	第二节	手板模型的作用
091	第三节	手板模型常用材料
092	第四节	数控手板模型制作流程
092	第五节	手板模型的后处理工艺
100	第六节	手板模型制作的教学实例
105	第五章	快速模具技术
105	第一节	快速模具技术简介
109	第二节	软质模具——硅胶模具
116	第三节	快速铸造模具
119	第四节	绿色模具设计与制造
123	第六章	产品成型用材料
124	第一节	产品成型设计材料概述
124	第二节	产品成型用金属材料
135	第三节	产品成型用无机非金属材料
140	第四节	产品成型用高分子材料
146		参考文献

第一章
逆向工程技术

1

课件

传统的产品设计是"从无到有"的过程，其流程通常从概念化设计开始，经设计建模等程序，最终制造出产品实物，这样的过程称为正向工程。而逆向工程则是"从有到无"，即整个流程的起点为已有的产品实物，然后由专业人员利用数字化测量设备和软件，根据实物构造出数字化模型。逆向工程设计可直接将实物数字化，显著提升产品研发效率，因而广泛应用于航空航天、生物医药、文物保护、三维动画制作中。

第一节　逆向工程简介

逆向工程产生于高速发展的科学技术及越来越激烈的市场竞争大环境中。随着我国科技的不断发展，逆向工程作为一种快速且行之有效的设计方法，正越来越广泛地应用于产品的设计和研发过程中。在实际应用中，逆向工程技术通常利用先进数字化测量设备和处理软件，采用生产工程学、设计方法理论等多种专业知识对实物产品进行分析研究，从而快速有效地将实物数字化。逆向工程可对现有产品进行复制或修复，也可在对现有产品数字化的基础上研发出更先进的产品。

一、逆向工程产生的背景

现代工业设计领域中，随着3D模型的广泛应用与模具制造的快速扩张，其对时间、造型与精度的要求日益严格。传统的工业产品开发都遵循着严谨的研发程序，设计人员按照用户的需求和企业定位分析产品功能及技术要求，来构思产品的功能、结构、外观，绘制草图、制作草模、确认参数、细化设计、建立参数化数字模型、制造样品样机。接着进行性能检测，并根据检测结果进行改进与优化，符合要求后生成产品零件和整体模型的图样，根据定型图纸转入制造流程中，最终完成产品的全部设计制造程序，投产上市。这种开发的模式称为顺向工程（Forward Engineering），也称正向工程，其一般流程如图1-1所示。

随着全球经济一体化日益成熟、国际大环境整体持续和平、技术进步的速度越来越快，客户对产品外观、

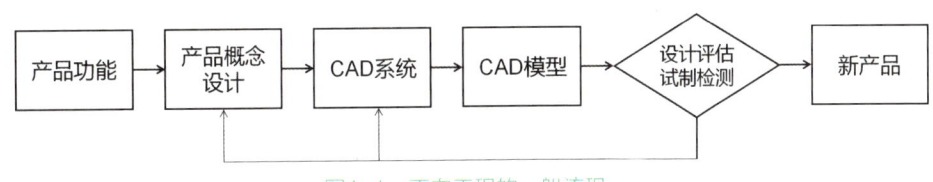

图1-1　正向工程的一般流程

创意以及个性化等要求越来越高，因此，迫切需要高效的产品设计手段来应对市场需求的变化。市场竞争一方面表现为消费者需求逐渐成为市场活跃的核心，产品寿命随着消费者兴趣的短时效性、个性化、多元化的发展而不断缩短；另一方面，由于区域性、国际性市场壁垒逐渐淡化或打破，制造业市场竞争越来越激烈，产品的交货期成为抢占市场的重要因素，促使制造商不得不着眼于全球市场，加快产品开发速度。

但在实际生产中，设计师常常面临现有同类产品的实物模型。如何从这些实物和模型中设计出符合市场需求的新产品，是产品创新设计的难点。由于市场竞争机制，设计师可能无法直接获得产品设计资源，仅靠一般的正向设计技术，往往难以直接快速完成设计。尤其对于船用螺旋桨、汽轮机叶片等特殊曲面产品，正向设计方法快速有效地完成产品设计，迫切需要一种立足实物原型的产品设计方法，逆向工程（Reverse Engineering, RE）正是在这样的背景下应运而生。

逆向工程通过探究和理解原始设计意图，掌握产品设计的关键技术，进而对产品进行修改和再设计，以实现设计创新、产品更新和新产品开发的目标。该方法在产品设计方法论的指导下，基于现代设计理论、方法和技术，借助各领域专业人员的工程设计经验、知识和创新思维，通过数字化测量和曲面拟合，重构现有产品的CAD模型（数字化设计模型）。

逆向工程使用大量先进的测绘设备和软件，不仅能够高效、精确地解决以往手工测绘无法处理的问题，还能将测绘结果导入计算机控制的制造设备，直接生产产品和模具。从样品到数据再到成品，逆向工程已形成体系化的三维制造方式，确立了其制造业中的独特地位，发展为一种专门的技术体系。逆向工程技术为产品设计改进提供了方便快捷的工具，利用先进的技术手段，可以在现有产品的基础上设计出新产品，缩短开发周期，帮助企业适应小批量、多品种的生产需求，从而在激烈的市场竞争中占据优势。

二、逆向工程的定义

逆向工程技术是随着计算机技术的发展而兴起的一门学科，起源于精密测量和质量检测，是设计下游向设计上游反馈信息的回路。其核心思想是在不能获得必要生产信息的情况下，通过对产品进行分析，逆向引导设计。在逆向工程中，可借助坐标测量机、激光扫描仪等数字化仪器，扫描测量现有实物模型，获得相关实物数字化信息。最后通过图像处理技术对数据进行分析处理，重构曲面，建立三维模型。在逆向建模的过程中，可能会直接利用点云数据拟合曲面，或先通过数据构建线，再用线拟合曲面，同时还需要用数据定义边界。逆向工程可以对目标物品进行逆向分析，反推出物品的生产流程、内部结构、功能特性等信息，并制造出功能相似但具有差异的产品。目前，逆向建模技术广泛应用于汽车制造、航空产品、机械设备制造、个性化定制设计等领域。且其迅速发展，已成为计算机辅助设计中的一个新兴研究方向。

广义的逆向工程是理解并重构先进技术的一系列工作方法的技术组合，是一项跨学科、跨专业、复杂的系统工程。它包括图像反求、软件反求和实体反求三个方面。目前，逆向工程的研究和应用主要集中在外形方面，即产品实物CAD模型的重建和最终产品的制造,称为"实物逆向工程"。其一般流程如图1-2所示。

狭义的逆向工程可以被视为将产品样件转化为三维模型的相关数字化技术和几何建模技术的总称。当前,国内外对逆向工程的研究多集中在逆向造型技术上。逆向造型是指在现有产品的基础上,利用三维测量仪器对产品进行测量,以迅速、精确地获取其三维数据,并基于这些数据进行三维造型。逆向模型的构建可分为数据采集、数据预处理、数据分割和曲面重构等几个阶段。逆向造型的工作流程如图1-3所示。

1. 数据采集

在现代产品制造或工程制造领域,对体积不大的物体进行三维数据测量时,常用的测量手段主要是以坐标测量仪(Coordinate Measuring Machine,CMM;也称三维数字化扫描测量仪)作为测量设备,用以快速测量实物表面的轮廓坐标数据。在行业中,大家称这个测量过程为"抄数",意为抄取物体原型表面密集的空间点数据资料(点云数据,如图1-4所示)。

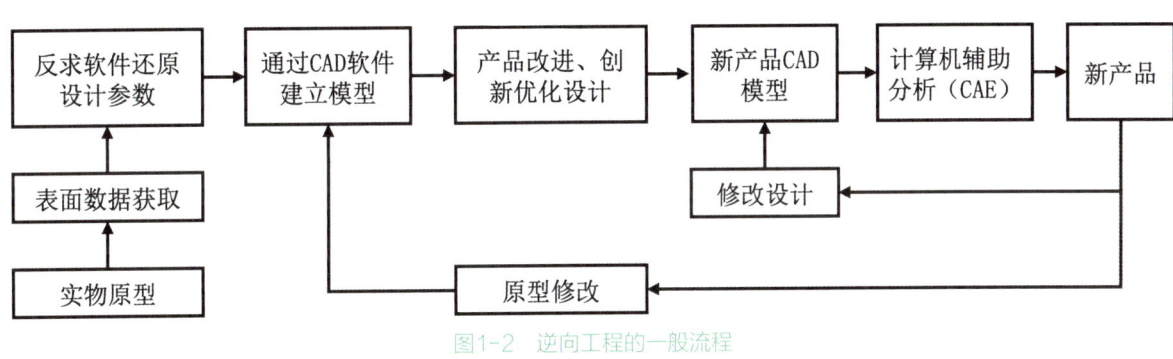

图1-2 逆向工程的一般流程

图1-3 逆向造型的工作流程

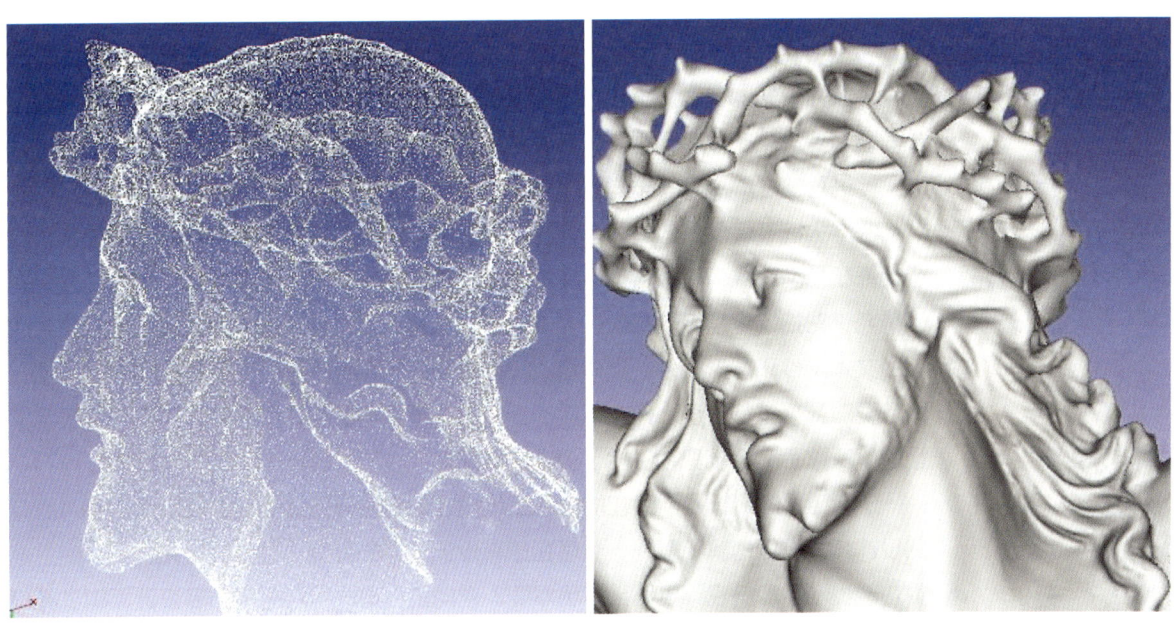

图1-4 点云数据

2. 曲面重构与再设计

反向推导和重构CAD模型使用的是各种参数化的分析和三维建模软件。利用这些软件导入快速测量获得的三维参数后，可以获取原型的二维设计图纸及数字化三维模型，并对测量参数进行外观的点数据处理（如表面光滑处理），结构、工作性能分析等，最终实现对原型的改良设计，如曲面创建、编辑、三维实体模型重构等。

3. 产品设计与制造

逆向设计和正向设计产生的数字模型共同构成数字化"设计-制造"系统的数据来源。通过CAM数字化工艺分析系统（加工、装配、检测、维修、回收等）、物理性能分析系统（强度、载荷、变形、磨损、散热、寿命等）、外观造型分析系统（流行、个性、地域文化、消费习惯等）、商业因素分析系统（制造成本、费用、利润、促销策略等），对原始模型不断进行评价修改，直至输入计算机辅助制造设备，完成制造。这种快速同步推进的数字化无缝连接"设计-制造"方式，能够不断集成社会宏观环境和自然科学领域的最新数字化研究成果，充分体现先进制造的先进性，构成当前最完善的产品开发体系。

三、逆向工程的作用

逆向工程是对已存在的产品、零件（或部件）的原型或模型，运用先进的现代测量技术进行三维扫描、数字化处理。基于这些数字化处理的结果，进行分析和修改，最后通过先进的制造技术实现生产再制造。对于一些外形有着复杂曲面的天然物品（如艺术品），传统的复制方法是用立体雕刻机或数控铣床制作出1∶1等比例的模具，然后进行批量生产。但是这种模拟式的复制方式无法生成标注有工件尺寸的图文件，也无法进行任何外形修改。设计人员可以应用逆向工程技术测量实物模型以产生其数字化模型，从而利用数字化的优势，提高设计、制造、分析的质量和效率。此外，逆向工程技术能满足智能化、集成化、并行化、网络化的产品设计制造过程中的信息存储与交换需求。

利用逆向工程技术，消化吸收国外先进技术，已成为世界各国在经济和技术发展过程中较为成熟的实践。统计数据显示，逆向工程技术可以缩短约40%的开发周期，从而显著提高生产效率。因此，开展逆向工程技术的研究，对于促进我国国民经济发展，促进科技进步，都有着重要的现实意义。

逆向工程不仅仅是仿造已有产品，更是一个超越简单复制的过程。仿造通常只是重现原始模型的几何形状，难以实现产品价值的提升。在二维设计中，图文扫描识别系统允许对扫描识别后的图像和文本进行适当修改、增加、删除和再设计，从而生成新的文本文件和图形文件。类似地，三维扫描识别系统不仅要获取物体的基本数据，而且要对数据进行处理，建立相应的计算机三维数字模型，同时允许对该三维数字模型的体积和面积等物理特性进行分析、修改等。

逆向工程的目标是创建智能化的三维扫描识别重建系统，它的核心理念是对原有的设计资源进行理解和重现，然后在原有设计成果的基础上进行改良和创新，使之更具功能性，更加美观，更符合市场需要。逆向工程是一种对已有产品设计原则进行研究和分析的高级设计方法。逆向工程技术能够有效地缩短新产品的研制周期，降低生产成本，为新产品的研制提供了一条捷径。

逆向工程的重要意义不仅在于复原已有的对象，还在于对其进行二次创新。因此，逆向工程已经成为一项新兴技术，在工业生产中产生了巨大的经济效益和社会效益。目前，逆向工程技术在产品开发、产品创新、质量分析等方面得到了广泛的应用，其功能和优点有：

（1）满足个性化批量生产：逆向工程技术无须进行正向模型化，也不依赖传统的研磨工具，与3D打印技术结合，可实现个性化定制。同时，快速制造可以实现大规模生产。

（2）降低产品设计的困难：对于某些复杂产品，逆向工程技术可以通过改进和创新，简化试验流程，降低设计难度。

（3）缩短产品开发周期：采用逆向工程技术，通过对实物进行三维建模，实现产品创新，加速更新，节约时间。

（4）降低产品的设计费用：每一种产品都要经过多次试验以获得最佳设计。在正向工程技术中，如绘图、建立模型、进行产品实验等，需要大量的人力、财力，而逆向工程技术可以直接修正已有物理模型，从而减少设计和开发的费用。

（5）降低企业的研发风险，一个新产品的开发需要大量的资金，市场需求不足，会增加企业破产的风险。而逆向工程技术，能够在现有市场基础上进行创新，从而降低公司的研发风险。

第二节　逆向工程的应用模式

由于逆向工程是运用现代测量技术对已经存在的产品、零件（或部件）的原型或手工模型进行三维扫描、数字化处理后，再对数字化模型进行分析和修改，所以针对不同的前期测量对象进行测量可以得到数字化模型，然后通过再设计，及先进制造技术进行生产再制造。在这一过程中，逆向工程可以衍生出不同的产品开发模式来适应不同的企业经营和产品开发策略。

1. 原产品—逆向工程—新产品

这一模式是利用逆向工程对原有产品进行简单仿制。这种需求可能发生于产品的原始设计图文件遗失、部分零件需重新设计或在委托厂商交付样品或产品时（如木鞋模、高尔夫球头等），请制造厂商进行复制。这个过程已成为我国沿海地区许多家用电器、玩具、摩托车、仪表板等企业的常见产品开发及生产模式，属于逆向工程的初级应用。

2. 原产品—逆向+改进设计—新产品

这种模式是典型的基于逆向工程的设计过程：利用逆向工程技术，在现有国内外先进成熟产品的基础上，进行结构性能分析、设计模型重构、优化再设计与制造。这一过程不仅吸收并改进国内外先进的产品和技术，还极大地缩短了产品的开发周期，有效地占领了细分市场。这种模式一般适用于外形复杂或外形质量要求较高的产品，属于逆向工程技术的中级应用。

3. 创意—手工模型（零件）—逆向工程+再设计—新产品

在工艺品、飞机、汽车和模具等行业的设计和制造过程中，产品通常由复杂的自由曲面拼接而成，直接建立相应的3D数字模型既费时又困难。在这种复杂的情况下，设计人员通常可以先设计绘制出概念图，再依据概念效果图手工制作出石膏模型、木制模型或油泥模型，然后用三维测量仪器测量出手工模型的三维外形数据来建构CAD数字模型。在此基础上，根据新产品的功能定位以及外形特征，对数字模型进行再设计，最终通过先进的成型技术与工艺，制造出新产品。这一模式是逆向工程的高级应用。所以说，逆向工程技术在新产品开发和创新设计中具有相当高的应用价值，也为工业设计的可持续发展做出了突出的贡献。

第三节　逆向工程的应用领域

逆向工程可以迅速、精确、方便地获得实物的三维数据及模型，为产品提供先进的开发、设计及制造的技术支撑。采用逆向工程技术，可以直接对现有产品进行重用、重构和重组，从而达到产品二次创新的目的。逆向工程技术设计出的产品会更有优势，更能满足顾客的审美和个性化需求。随着计算机技术的发展和测试技术的不断进步，逆向工程技术被越来越多的企业所采用。逆向工程技术在下列方面的应用表现为：

（1）设计中需要反复修改或试制的零件（例如船舶、航空、汽车等），许多零件的特性都与空气动力学有关，设计师通常会用黏土或木头来制造零件，然后用实体模型对其进行一系列测试，并根据实验结果进行修改和优化，满足设计的条件后，再利用逆向工程技术重建零件的CAD模型，生成CNC代码，将其复制出来，最终实现设计。逆向工程克服了传统的直接工程方法的缺点，节约了设计成本，加速了新产品的设计和研制。

（2）在没有图纸、CAD模型和其他产品的原始设计资源的前提下，逆向工程技术可以有效地对实体零件的局部特性进行改造，通过对物体的表面进行测量，获得实物样件的外形资料，并采用反向软件对零件CAD模型进行建模，且对其进行相应的修改，从而达到预期的效果。

（3）在文物保护、生物医学、健康保健等领域，逆向工程技术具有广泛的应用前景，例如，仿真牙齿、人工骨骼、个性化产品定制、服装立体设计等。在产品的外形设计上，如工艺品、旅游纪念品、家电、交通工具、玩具等，设计师通常会使用油泥、黏土、木材等材料，利用逆向工程技术，迅速而精确地构建出三维模型。此外，逆向工程还可以应用在建筑、地貌等方面，可以迅速生成建筑物或地貌模型，方便设计人员进行直观的设计与沟通。

（4）在仿形加工、模具快速制造等领域，尤其是具有复杂表面的工件仿形加工以及大型复杂模具的设计与制造中，逆向工程已得到了应用。当国外的产品不适用于国内需求，需做局部或外形修正时，也可以采用逆向工程的方法来构建3D数字模型，以便于今后修改。

（5）制作三维动画、游戏。三维动画、游戏中的人物和场景，通常不会直接使用三维软件进行设计，而是由专业的技术人员进行实物建模，再根据制片人的反馈对模型进行修改，最终将实物模型转换成数字模型，从而得到真实的人物和场景。

以下详细研究逆向工程的两大优势，也可以说是两大广义应用领域：模仿和物体复原。

1. 模仿

逆向工程的特点是从实物到图纸，因此不可避免地首先被考虑用于产品模仿上。此处的模仿应有两种理解：模仿自己设计的实物模型和模仿竞争者的成功产品。

（1）模仿自己设计的实物模型。模仿自己设计的实物模型是经常会遇到的情况。作为一种开发手段，逆向工程解决了复杂自由曲面准确表达的方式问题。有许多产品的设计并不完全取决于设计师的主观理解和认识，而需要通过实验解决问题，主要涉及物体某些手感、物体受力后果、一些物理量决定的造型因素等。例如，不同性别和年龄的人对同一手柄的感觉，无法用语言描述和画效果图，只能在模型上反复修改直至满意。这种数据一般来讲完全不服从设计师的支配，除非有一个对手的功能与心理活动进行全面分析的软件。所以撇去过程，从结果直接跨越到源头的反求是最简单的方法。

典型的自我模仿例子应该是设计师熟知的汽车油泥设计法。在消费品市场上能够频繁接触的商品中，汽车是体积最大、价格最贵的产品，也是消费者最挑剔讲究的产品。汽车设计需要更仔细谨慎，用可反复修改的低成本油泥制作1∶1仿真模型的程序就成了汽车设计的经典法宝。外观设计师充分发挥自己的才智后，利用独特的油泥表面喷涂和专用膜装饰，接受造型检验和初步风洞试验，得到肯定后对油泥模型进行三维扫描，反求获取第一稿图纸和技术资料。更有善于创新者，将现成产品买来抹上油泥，凭感觉边想边修，最后用扫描仪获得三维数据，一些电动车改良外观就是如此（图1-5）。

另一个典型的例子是高尔夫球杆的杆头——一个由多个自由曲面平滑过渡而成的击球部分，流畅地从球杆延伸出来。在高尔夫球杆（图1-6）的发展史中，球杆材料经历了从山核桃木、钢、粗糙的钢、接缝的镀铜钢、玻璃纤维、铝等，直到现在普遍使用的锻造钢。锻造钢杆能把球杆的重量大部分集中在杆面一个很小的区域，从而形成击球的甜蜜点，对高手来说，具有极大的价值。

图1-5　汽车油泥模型

图1-6　高尔夫球杆

早在19世纪80年代，高尔夫球杆制造业在苏格兰已有讲究的技术。那时使用的是木杆，人们在作坊里用锉刀手工把小木块锉成木制杆头，这不仅需要丰富的经验，还难以保证每个杆头的精确一致性，改进也完全依赖于纯手工摸索。1931年冬天，英国人吉恩·萨拉森（Gene Sarazen）尝试将焊料应用于9号铁杆（Nibilick）的后面，并在焊料上进行打磨，再加入更多的焊料。经过6个月的反复试验，他最终获得成功。然而，由一个成功的杆头再精确地复制另一个是极其困难的，即使改进者本人也只能通过手动调整修改来获得第二个产品。如今，这类仿造推广工作完全可以交给逆向工程来完成，实际上，任何工厂都能制造出标准的14枝球杆。

相同的情况在鞋楦的复制上也同样存在。决定鞋子优劣的不只有外观，材质、鞋楦、鞋底、鞋跟、缝（粘）合等方面的材料和结构都影响鞋子的最终质量。其中，由大量曲面组成的鞋楦是生产中大量使用的标准件，需要大量复制而且符合规范。

还有如音箱的反射面，尤其是装在设备中（如电视机）的特殊音质音响（重低音、无机震等杂音）的结构形状，也需要依靠手工修改后仿造，因此精确复制十分关键。

（2）模仿竞争者产品。模仿竞争者产品是开发产品的捷径之一。需要说明的是，尽管有人用逆向工程抄袭产品的外观设计，但模仿并不等同于抄袭。

美国管理学专家、哈佛大学教授西奥多·莱维特（Theodore Levitt）曾著文称，产品模仿有时像产品创新一样有利，因为不需要大量投资，所以虽然不能取代市场主导者但仍可获得很高的利润，其盈利率甚至可超过全行业的平均水平。西奥多·莱维特教授提出的创造性模仿概念与日本松下的经营宗旨"不发明，只改进"，从理论到实践都充分证明了市场追随者战略的价值。

当一个产品以出色的外观创意获得市场好评时，自然会引起行业追随者们的关注，很多产品借助竞争对手的启发后来居上。从该产品中寻求创意思路和提取造型成功元素往往比自己完全创新开发来得省力，这是人所共知的事实。设计机构或企业的开发部门往往会在没有任何图纸（草图、三维图、模型）和技术资料（构思过程、性能数据、成本分析等）的情况下，被要求从某个实物出发开发新产品。这与不付出创意、完全复制原型的侵犯知识产权的行为并不相同。

模仿是相当具体的行为。借鉴设计思想在同一大类产品的层面上开发，例如受启发从设计直板式手机的思路改为翻盖式，不是模仿。从形式到结构都加以参考、改型，可以认为是模仿，因此需要获取原型数据。完全照搬照抄原型，则是抄袭，或称盗版。抄袭是侵犯知识产权的违法行为，应严禁采用逆向工程技术实施此类违法行为。

无论模仿自己还是模仿别人，过程都一样：在没有图纸或图纸不完整、仅有样品的情况下，准确快速地测量样品表面数据或轮廓外形，处理点数据，创建曲面，编辑修改，重构三维CAD、CAM，输入CNC或快速原型制造模具或零件。

2. 物体复原

物体复原在工业化量产商品设计中有广泛应用，例如，当原型缺损一块时，可以利用对称面进行镜像补充。可用于文物修复、医疗卫生、工业制造等多个领域。

（1）文物修补。传统的文物碎片依靠人工逐块拼接，首先是在大批碎片中凭感觉分类分组，然后靠经验从最大件向外寻找拼接，有相当的偶然性，整个过程费时费力。在考古领域，研究者可以将文物通过逆向工程技术进行数字化保护，更加方便对考古成果的保护；或者对开发挖掘时破损的文物进行数字化修复。但是，使用逆向工程技术可以迅速提取空间曲面轮廓线，将所有碎片全部三维扫描后，通过三维输入实现文物碎片数字化，以便在计算机中显示出全部碎片的三维立体形态。根据立体形态，运用模糊控制理论由计算机根据残片的边缘特征和各残片走向的形状分析，确定文物复原的碎片拼接特性，然后用计算机自动分组、匹配、拼接，或由文物修复人员在机上手工拼接三维复原。虚拟修补还可以对那些出现脆化、脱色、剥落等现象的易损文物，结合虚拟复原曲面的三维编辑技术进行虚拟修复和保护，实现碎片形状自动匹配结合和建立待复原文物的三维实体模型。文物的虚拟修补有助于制定科学合理的真实修复保护方案，为最终文物的实际修补提供人工文物复原的准确、科学的数据（图1-7）。

（2）磨损还原。磨损还原是指对损伤的零件还原修补的工艺过程。在修复破损的艺术品或缺乏供应的被损零件时，可以不需要对整个零件原型进行复制，而是借助逆向工程技术获取零件原形的设计思想来指导新设计。这是由实物反求推理设计思想的渐进过程。例如，由于种种原因，某大型轴的磨损达到了严重的程度。按几十年前的规范，该轴必须报废更换，虽然会造成巨大缺失但也必须如此；按近几十年的技术水平，可以对磨损部分采取增加修复材料的方法以延长使用寿命，例如局部电镀、焊补、热喷涂等，但如何将增补材料与轴整体修复成最佳工作状态则因每个人对现场理解的不同而存在很大的差异，具有相当的不规范性。由于增补材料不等于能达到原来预定的做工状态，因此并不是真正意义上的磨损还原。

轴在使用过后，因受力及轴承磨合等原因已发生了与名义尺寸和名义形状不同的变化，需要根据当时实际条件修复。因此，按今天的技术水平，采用逆向工程技术获取该轴的准确三维数据，并用CAD模型重构还原其真实状态是最科学合理的方法。在CAD模型的辅助分析引导下，轴必须具有合理的几何形状与尺寸，才能够得到明确的数据，才能给规范科学的修复提供正确可靠的依据。这不但节约了大型轴的制造费用，还有利于修复后的轴以最佳状态工作。即不但能用，还能保证效果好。

（3）数字化模型检测。以CAD数字模型为标准，对实际工件三维扫描逆向获取的空间数据群（点云）构建数字模型进行比对，检验产品的制造误差、分析变形与焊接质量等。

逆向工程技术的用途十分广泛，而且还在不断增加。现在不但用于工业设计等领域，还在高尔夫球业、文物修复、艺术、医疗修复、美容等方面得到很好的应用。

逆向工程技术还大幅度提高了产品开发的效率。用CAD软件绘制往往需要数天才能完成，逆向工程技术提供了由实物直接获得三维CAD模型的途径（图1-8）。用逆向工程技术比利用CAD软件绘制要快得多，一般较复杂的中小零件，几个小时甚至几十分钟即可完成，同时也显著降低了对工作人员技术水平的要求。

图1-7　三维扫描修复的佛像模型（左）和复原的佛像（右）

 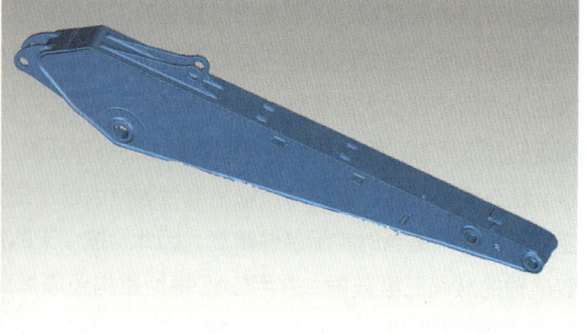

图1-8　挖掘机（左）和挖掘机斗杆扫描图片（右）

第四节　逆向工程开发流程

逆向工程的开发流程主要包括：首先通过数据采集装置获得样品表面（有时是内部空腔）的数据，然后导入专用的数据处理软件或具有一定数据处理能力的三维CAD软件进行预处理；从数据收集到CAD建模，一直是逆向工程的核心技术。如图1-2和图1-3中显示了在逆向工程中应用最广泛的工作流程。逆向工程系统主要包括数据采集系统、模型重构和数据处理系统及成型制造系统，该系统的软件和硬件构成如下。

（1）数据采集系统。在逆向工程中，数据采集是最重要的一步。按测量方法将其划分为两种类型：接触式和非接触式。三坐标测量仪是最具代表性的接触测量系统，而非接触测量则包含了多种以光学为基础的测量系统。

（2）模型重构和数据处理系统。模型重构和数据处理软件主要分为两大类：一类是正向工程软件，集成了专门的逆向模组的CAD/CAM，例如CATIA（包含集成快速曲面建模等模块）、包含Point Cloud功能的UG，以及Pro/SCAN-TOOLS模块的Pro/ENGINEER（简称Pro/E）等；第二种是专门的逆向工程软件，比如 Imageware、Geomagic Studio、PolyWorks、CopyCAD、ICEM Surf、RE-SOFT等。

（3）成型制造系统。该系统主要由利用CNC工艺（Computer Numerical Control，计算机数控）生产原型、模具的装备和各类快速成型装置组成。按照快速成型原理的不同，可分为SLA、SLS、FDM、FOM、3DP等，并采用CNC雕刻技术实现减式快速成型。

一、数据的采集

逆向工程的第一步是对产品样件或模型进行三维数据采集，这是后续数据处理流程的基础。实体模型数据采集的方法、被测量对象的客观情况都会影响数据采集结果的准确性，进而影响数字模型的质量。因此，了解和掌握如何选择合适的三维数据采集方式对能否成功实施逆向工程十分重要。

被测量样件曲面的数字化就是在样件表面上提取点的坐标值，并将其以二维或三维数据点集的形式存储起来的过程。曲面的数字化涉及的主要内容是数据测量的问题，数据测量方法主要依测量设备（数字化测量仪）的不同而有区别，这些测量设备便是逆向工程技术实施的关键硬件。目前，逆向工程所采用的数字化测量仪主要有机械接触式坐标测量机、光学坐标测量机、激光坐标测量机等。除此之外，还有几种三维数据采集设备也被广泛应用于逆向工程系统中。例如：

数字化照相机（数码相机），主要用于大物体、大环境的数据采集，如在湖南长沙出土的马王堆汉墓古尸墓室建模、秦兵马俑二号坑建模和洛阳龙门石窟研究院三维数字档案数字采集等。

全球定位系统（GPS），是全球化空间卫星导航定位系统，具有全球三维定速定时高精度的数据采集功能，用于大范围、大建筑群、大地测量等数据采集，如长江三峡水利枢纽工程、长城全貌、故宫博物院古建筑数字建模、国土大地测绘等。

全站仪（全站型电子速测仪），是由电子测角、电子测距、电子计算和数据存储单元等组成的三维坐标测量系统，测量结果能自动显示，并能与外围设备交换信息，是一种多功能大地测绘数据采集的测量仪器。主要用于地形地貌测量、大区域数字测量等。

在逆向工程的实现过程中，采集实物样件的三维数字信息，也就是采集点云数据，是实现逆向工程过程中最重要的一步。数据的获取是最重要的一步，其结果的优劣将直接影响建模的效果。点云资料收集的好坏，对曲面的质量、精度以及曲面成型的效率都有很大的影响。三维数据采集技术是通过先进的逆向测量技术来获得被测对象的表面形态信息。数据收集是逆向工程中最重要的工作之一，它的重点在于准确、快速、完整地获取物体的三维空间坐标，为以后的数据处理、建模重构奠定了基础。所以，正确选用合适的测量手段是非常必要的。

目前，逆向工程所采用的测量工具，按数据采集方法分为两类：接触式和非接触式（图1-9）。

三坐标测量仪是接触式测量系统的典型代表，而非接触式测量系统则包含了基于光学的激光三角法、飞行时间法、投影光栅法、图像法，以及基于电磁学的计算机断层扫描和核磁共振。

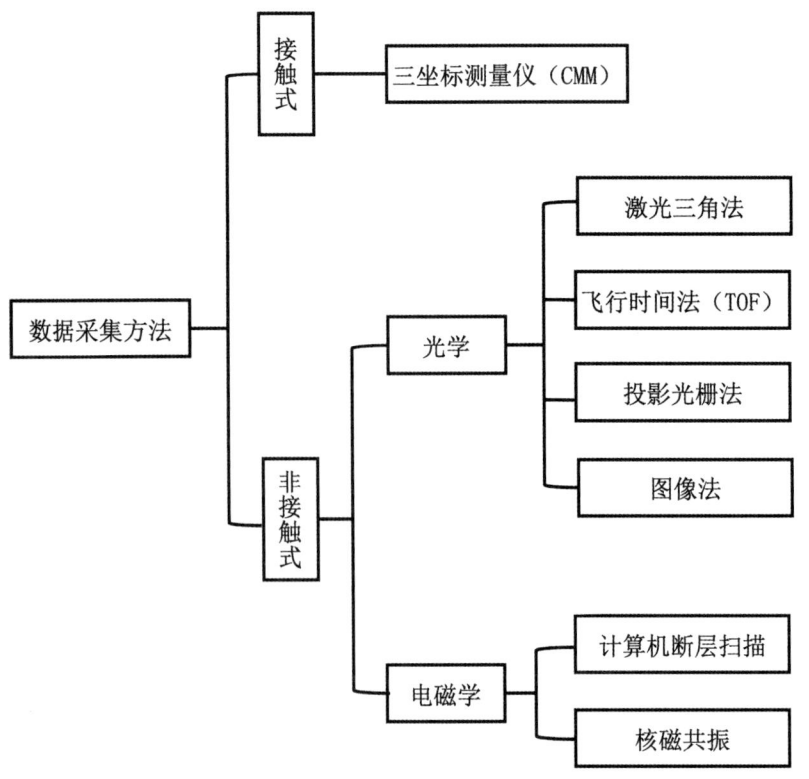

图1-9　数据采集方法分类

1. 接触式测量方法

接触式测量方法是利用探针与物体的接触，以传感器记录其位置，从而计算获得接触点的坐标。坐标测量仪是一种典型的接触测量设备。该方法具有结构固定的优点，测试对象的表面材质及性质等因素不会对测试结果产生明显影响。其缺点是与工件接触时间较长，测量速度较慢，且测头易磨损，必须多次进行校准，不利于自由曲面的测量。

目前，和工业设计相关的接触式测量设备主要是三坐标测量仪。三坐标测量仪是使用最为广泛的接触式测量设备，虽然速度慢、效率低，但其具有噪声低、精度高、重复性好等优点，非常适用于检测系统。它的探头是用压敏材料制成的，探头接触被测物体表面时会产生电信号，以此来确定物体表面的点坐标。在逆向工程中，三坐标测量仪通常由人工操作进行坐标点采集，因而数据采集速度慢且获得的坐标点不易连续。

接触式采集方法中常用的还有电磁感应法。该方法只能用于非金属材料的物体。将被测物体放在一个带有电磁场的台面上，然后用手持的触头在物体表面滑过，触头上装有磁力感应器，可检测到触头的位置和方向。该方法可以每秒60个点的速率采集物体表面上的点。

三坐标测量仪介绍

三坐标测量仪是一种高效率、高精度的测量设备。该仪器的出现，一方面是因为自动机床和数控机床在加工中的高效率、高精度，促使行业对高速、可靠的测试仪器产生巨大需求；另一方面，由于电子技术、计算机技术、数控技术、精密制造等领域的发展，也为三坐标测量技术的进步奠定了坚实基础。该系统由三套以直角坐标系为基础的移动导向系统组成，通过电脑对数据进行分析和处理（或通过电脑进行自动测量）。

三坐标测量仪由三个相互垂直的测量轴和各自的长度测量系统组成机械主体，并结合测头系统、控制系统、数据采集与计算机系统共同组成。测头系统包括测头和机身。测头是从设计对象提取三维数据信息的直接工作部分；机身是支持测头进行有效测量运动和稳定工作的伺服系统。控制系统是机器的人机界面，实现输入（指挥测头正常工作）和输出（显示测量结果）。几何量测量是以点的坐标位置为基础的，它分为一维、二维和三维测量。

从理论上讲，三坐标测量仪的主要特点是可以对复杂形状的零件表面轮廓进行测量，具有高精度（达到微米级）、高效率（数十、数百倍于传统测量手段）、万能性（可代替多种长度的计量仪器）。因而多用于产品测绘、复杂型面检测、工夹具测量、研制过程中间测量、CNC机床或柔性生产线在线测量等方面。三坐标测量仪的主要功能如下。

①几何元素测量。通过改变探头角度及软件编程可实现点、直线、平面、圆、圆柱、圆锥、球、相交、距离、对称、夹角等几何元素的测量。

②几何公差的评定。包括位置、位置度、距离、角度、同心度、同轴度、圆度、圆柱度、直线度、垂直度、平行度、全跳动、径向跳动、曲面轮廓度、线轮廓度和对称度误差评定。

③柔性定位。三坐标测量仪探头（图1-10）柔性强，能手动或自动实现X、Y、Z轴移动，探针带有角度旋转功能，能实现对坐标系的找正。

④脱机编辑功能。包括自学编程、脱机编程、自检纠错功能、CAD导入系统功能等。

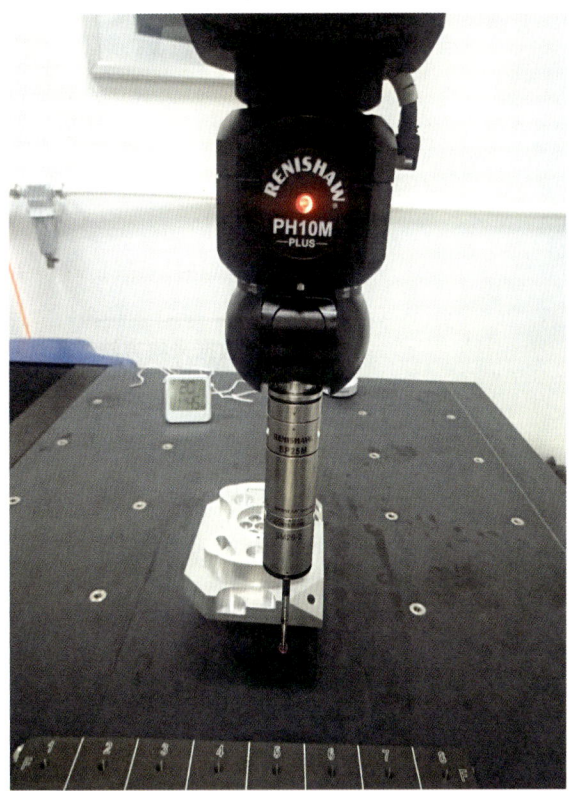

图1-10　三坐标测量仪探头

⑤支持多种数据输出方式。包括传统的数据输出报告、图形化检测报告、图形数据附注、数据标签输出等。

三坐标测量仪的类型

根据分类标准的不同，三坐标测量仪主要有以下4种分类方法：

①按三坐标测量仪的精度分为精密型三坐标测量仪、中等精度三坐标测量仪、低精度三坐标测量仪。精密型三坐标测量仪一般放在具有恒温条件的计量室内，用于精密测量。其单轴最大测量不确定度小于$1\times10^{-6}L$（L为最大量程，单位为mm），空间最大测量不确定度小于$(2\sim3)\times10^{-6}L$。中等精度三坐标测量仪的单轴最大测量不确定度约为1×10^{-5}，空间最大测量不确定度为$(2\sim3)\times10^{-5}L$，低精度三坐标测量仪的单轴最大测量不确定度在$1\times10^{-4}L$左右，空间最大测量不确定度为$(2\sim3)\times10^{-4}L$，这类三坐标测量仪一般放在生产车间内，用于生产过程检测。

②按三坐标测量仪的测量范围可以分为大型坐标测量机（测量范围大于2000mm）、中型坐标测量机（测量范围为500~2000mm）和小型坐标测量机［三坐标测量仪在其最长一个坐标轴方向（一般为X轴方向）上的测量范围小于500mm］。

③从三坐标测量仪结构形式上主要分为桥式坐标测量机、悬臂式测量机、水平臂测量机和龙门式测量机（也称门架式测量机）。

a. 桥式坐标测量机：使用最多的一种测量机器，这种测量机主要适用于中等测量空间，其测量精度高。随着测量机自动化程度的提高，在小尺寸测量中也用得很广。

桥式坐标测量机分活动桥式测量机和固定桥式测量机两种。

活动桥式测量机是采用最多的一种结构型式。它拥有固定的工作台支撑测量工件和活动桥。其优点为结构刚性好，承重能力大；缺点为单边驱动时扭摆大，光栅偏置时阿贝误差较大。活动桥式结构可完成中型到大型零件的测量任务，测量准确度较高。相对悬臂式测量机，其测量的开敞性不好。

固定桥式测量机，其结构通常用于高精度测量机。固定桥式测量机的优点是结构稳定，整机刚性强，中央驱动偏摆小，光栅在工作台的中央，阿贝误差小，X、Y方向运动相互独立，相互影响小；缺点是测量对象伴随工作台运动运行速度低，承载能力较差（图1-11）。

b. 悬臂式测量机：是一种结构紧凑、灵活的测量设备，具有占地面积小、操作方便等优点。悬臂式测量机的悬臂梁一端固定在基座上，另一端安装测量头，可以沿着悬臂梁在X、Y、Z三个方向上移动。但由于悬臂梁的结构特点，其刚性和稳定性相对较差，因此在使用时需要注意避免过大的负载和振动。悬臂式测量机适用于中小型工件的测量。

c. 水平臂式测量机：其是大测量范围、低精度坐标测量机的典型形式。但其操作性能很好，由于其移动质量小，因而非常快速。在"测量机器人"中多为这种形式的测量机。

d. 龙门式测量机：其是超大型机器，水平轴最大可达数十米，由于其刚性要比水平臂式测量机好得多，因而对大尺寸测量而言具有足够的精度（图1-12）。

三坐标扫描仪的操作流程

三坐标测量仪的操作流程如图1-13所示：

①测头的选择与校准。针对被测物体的外形特征，选用适当的测头。在应用测量

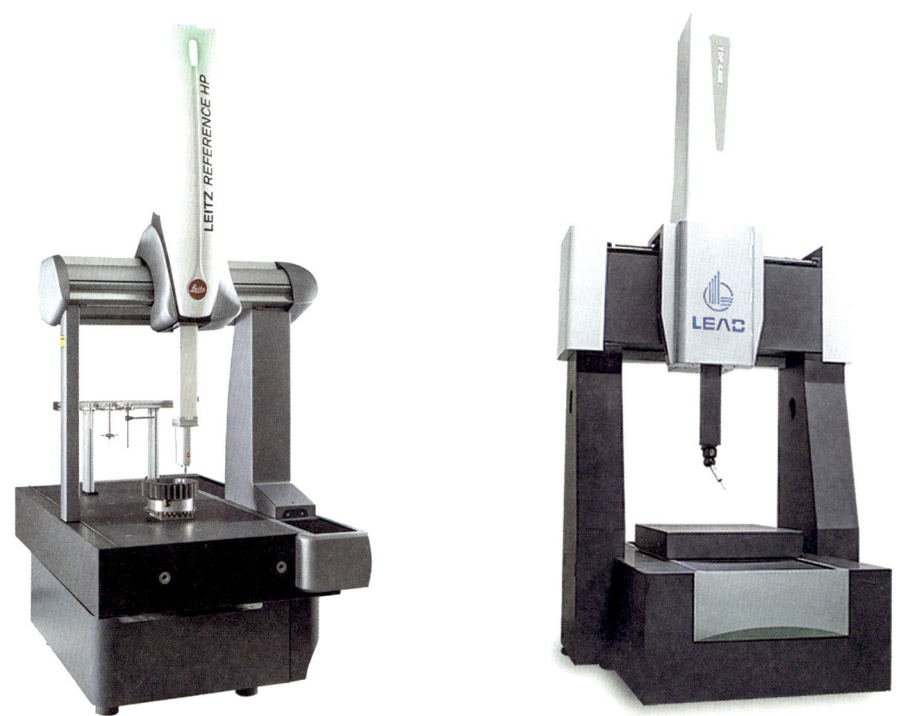

图1-11　活动桥式测量机（左）和固定桥式测量机（右）

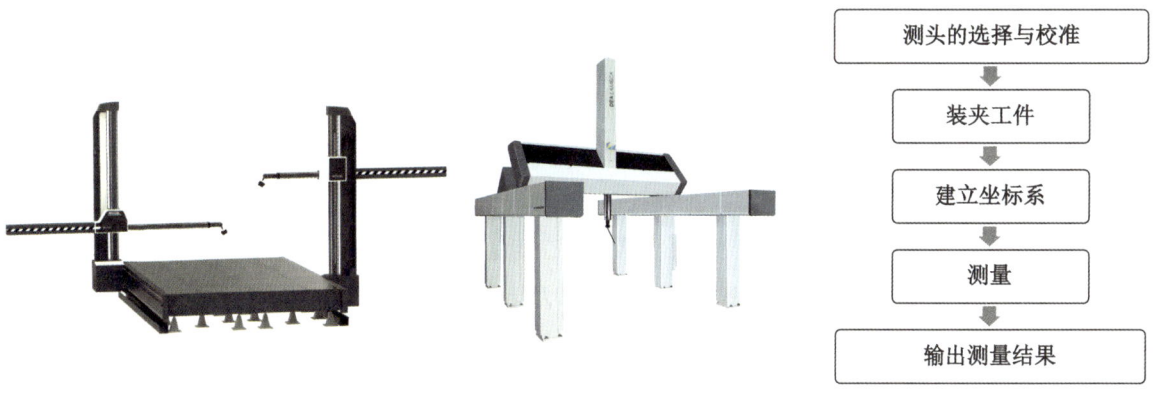

图1-12　水平臂式测量机（左）和龙门式测量机（右）　　　图1-13　三坐标测量仪的操作流程图

头时，应该注意下列问题：

a. 尽量增大测球。有两个原因：让球杆的间隙达到最大，从而降低因为"晃动"而导致的错误动作；测量球直径越大，被测量表面未经抛光时的测量精度受到的影响越小。

b. 尽可能缩短测头的长度。测头的弯曲和倾斜度越大，测量的准确率就越低。

c. 尽量减少连接点。每一次把测头与延长杆连接起来，都会增加新的潜在变形点，所以在使用时，要尽量减少接头数量。

系统开机，程序加载后，需要在程序中设置或选择一个测头。由于一台测量仪装有各种形状和大小的测头及附件，为了得到包括直径、角度等在内的各种参数信息，从而实现精确的测量补偿，所以在使用测头之前，必须对其进行校准。其基本操作是：正确地将探针与三坐标测量仪的主轴相连接；在工作台上安装校准球，保证校准球不会移动,并且要在球面上打至少5个测量点;通过对某一点的测量,可以获得该探头的半径,并对该探头的半径进行补偿。测量程序中所用的所有探头必须经过校正,并且如果探头更换了,或者卸下后要重新进行校准。

② 装夹工件。三坐标测量仪对被测产品在测量空间上的安装基准没有特殊的要求,但要便于工件坐标系统的建立。三坐标测量仪的实际测量是在获得测量点的数据后,通过数学运算来重构被测几何要素及其位置关系的,所以在测量时要尽可能在一次装夹中完成所需要的数据收集,以保证工件的测量精度,并降低因多个装夹引起的测量转换错误。通常选用工件的端面或较大的面作为测量的参考,如果已经知道了被测零件的加工基准,那么就以它为参考。

③ 建立坐标系。为了方便零件的测量和后续的数据处理,需要对工件进行准确测量。在比较简单的几何尺寸(包括相对位置)的测量中,可以采用机器坐标系统。而对于某些比较复杂的工件,要将其投影到一定的基准面或进行多次的基准转换,则必须建立测量系统(也就是所谓的工件坐标系统)。

坐标系统的建立取决于部件的种类和基本的几何要素。通过面、线和点的特征来构建测量坐标系统,可以分为三个阶段,而且有严格的次序。具体如下:

a. 选择基准面(确定平面);通过测量零件上的一个平面来找被测零件,保证Z轴垂直于该基准面。

b. 选择X轴或Y轴(确定平面轴线)。

c. 设置坐标原点。

实际测量中,首先测量一平面作为"基准面",即确定Z轴的正方向;再测量一条直线把它确定为"X轴"或者"Y轴";最终选定或测得的一个点作为坐标的原点,就可以建立起一个测量坐标系统。上述是最常见的"3.2.1法"(确定基准面、轴向和原点)测量坐标系统。如果有多个测量坐标系统,则可以对其进行命名和存储,然后建立第二个、第三个测量坐标系统,在测量时可以即时调用。

④ 测量。三坐标测量仪的测量方法主要有手动和自动两种。手动测量就是通过手工操作的方式来实现对某些基本元素的测量。所谓基本元素,是指可以直接通过对其表面特征点的测量来重建图形的项目,如点、线、面、圆、圆柱、圆锥、球、环带等。为提高测量准确度也可以适当增加测量点数。

某些几何量必须通过对已测得的基本元素进行构造得出,无法直接测量得到(如角度、交点、距离、位置度等)。这些几何量的测量在软件中都有相应的操作命令,可按要求进行测量。自动测量是在CNC测量模式下,执行测量程序控制测量机自动检测。

⑤ 输出测量结果。三坐标测量仪测试时,可按要求输出各种类型的测试报告。在逆向工程中,若想采用三轴测量仪对零件的表面进行数字化,再将其转换到主流 CAD 软件中进行进一步编辑,就必须将测量结果以适当的数据格式进行输出。

2. 非接触式测量方法

非接触式测量是利用光、电磁波、声波等与被测物体表面发生相互作用产生的物理现象来获取被测物表面的空间坐标。非接触式测量数据采集时,测头与物体没有真接触,所以速度相对较快,并且可以避免因接触力与摩擦而导致的测量误差。用非接触式测量方法获得的点云数据量一般较大,同时避免了接触式测量易发生的曲率干涉问题，能够真实反映被测表面的实际形状。但非接触式测量容易受到外部环境因素的干扰，材料表面特性和环境光都会影响其测量数据的质量。

在对物体三维轮廓非接触式测量技术中，目前应用最为广泛的是应用光学原理发展起来的三角形法、结构光法、计算机视觉法、激光干涉法、激光衍射法等三维形状测量方法。采用以上光学原理完成三维信息获得的设备统称三维扫描仪。由于光学测量精度高、效率高、易于实现，因此它的应用范围越来越广泛。按照测量原理，光学测量可分为飞行时间法、结构光法、相位法、干涉法、摄影法等，其中又以激光三角法的应用最为普遍。激光三角法的测量原理如图1-14所示。

激光三角化技术是利用一束激光将其以一定的角度投射到目标表面，再由不同角度对其进行成像，利用CCD光敏检测器检测到光斑的位置，计算出该光线的方位，进而得到该光斑的位置。此方法已经成熟，并已被实际应用，其具有数据采集速度快、能对松软材料的表面进行数据采集、能很好地测量复杂轮廓等特点。如果采用线光源，激光扫描测量方法可以达到很高的测量速度。采用激光三角法的三维扫描仪工作流程如图1-15所示。根据不同的结构又分为关节臂式测量机、手持式激光三维扫描仪、台式激光三维扫描仪、照相式激光三维扫描仪等（图1-16）。

图1-14 激光三角法的测量原理

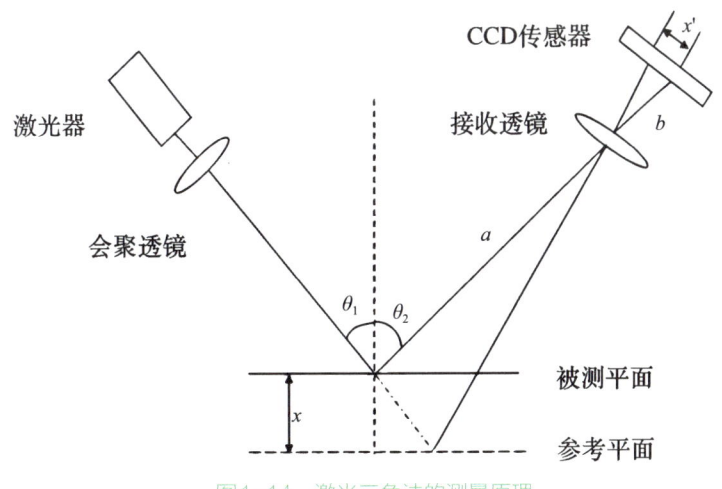

（1）工件　　　　（2）三维扫描仪采集数据　　　　（3）点云数据

图1-15 三维扫描仪工作流程图

 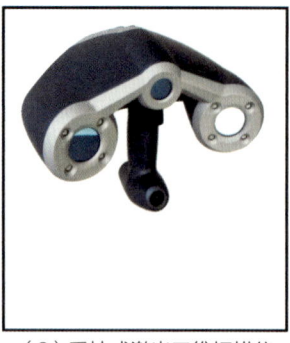  

（1）关节臂式测量机　　（2）手持式激光三维扫描仪　　（3）台式激光三维扫描仪　　（4）照相式激光三维扫描仪

图1-16　常见的三维扫描仪

（1）**关节臂式测量机**。关节臂式测量机是一种仿照人体的关节构造而成的一种新型的非正交式坐标测量机。它以角度为基准，由几根固定长度的臂通过绕互相垂直的轴线转动的关节互相连接，在转轴终端装有带探测系统的坐标测量装置。关节臂式测量机通常分为6自由度测量机和7自由度测量机两种。7自由度测量机在腕部末端比6自由度测量机多出一个自由度。它不仅能转动自如，便于测量，而且还能减少仪器的重量，减轻人们工作时的疲劳感，适用于激光扫描。

关节臂式测量机的每个臂的转动轴或者与臂轴线垂直，或者绕臂自身轴线转动，一般用两条横线隔开的1组3位数字来分别表示肩、肘和腕的转动自由度，如图1-17和图1-18所示，分别表示2-2-2、2-2-3自由度配置的关节臂式测量机。由于关节数量的增加，测头末端的累积误差也会增加。因此，为满足测量精度要求，现有的关节臂式测量机大多是自由度小于7的测量机。

与常规三轴测量机械相比，关节臂式测量机具有体积小、重量轻、便于携带、测量灵活、测量空间大、环境适应性强等特点，在重型机械、汽车制造、轨道交通、航空航天、零部件加工、产品检具制造等方面得到了广泛应用。经过数十年的发展，目前其已具备了在线检测、扫描检测、弯管测量、三坐标测量、逆向工程、快速成型等功能。

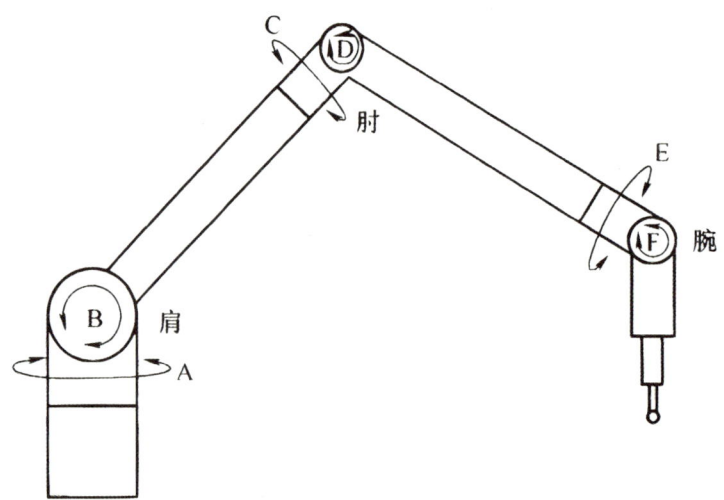

图1-17　2-2-2自由度配置的关节臂式测量机示意图

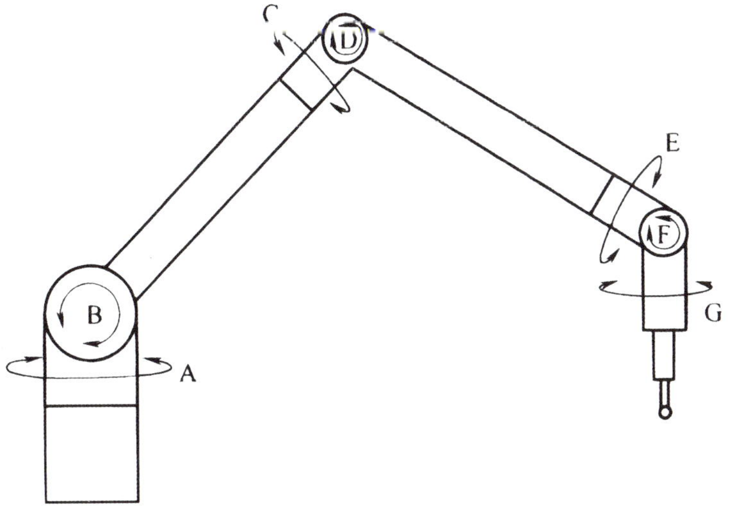

图1-18　2-2-3自由度配置的关节臂式测量机示意图

关节臂式测量机的工作原理：一个2-2-2自由度配置的关节臂式测量机由基座、3个测量臂、6个活动关节和1个接触测头组成，其结构如图1-19所示。图中，关节1、3、5为回转关节，转动范围为0°～360°，关节2、4、6为摆动关节，摆动范围为0°～180°。3根臂相互连接，其中第1根臂需支撑测量机的所有部件，所以安装在稳定的基座上，它只能旋转；为适应测量需要，另外两臂为活动臂，可在空间无限旋转和摆动。第2根臂主要起连接作用，为中间臂；第3根臂在尾端安装有测头。第1根支撑臂与第2根中间臂之间、第2根中间臂与第3根臂末端臂之间、第3根末端臂与测头之间均为关节式连接，可空间回转。每个活动关节装有相互垂直的、测量回转角的圆光栅测角传感器，可测量各个臂和测头在空间的位置。关节的回转中心和相应的活动臂构成一个极坐标系统，回转角即极角，由圆光栅测角传感器测量，而活动臂两端关节回转中心的距离为极坐标的极径长度。因此，该测量系统是由3个串联的极坐标系统组成。在测量头与被测对象接触时，采集六个角度的编码信号，然后将其传送到计算机，利用该数学模型进行坐标转换，可得到被测点的三维坐标。

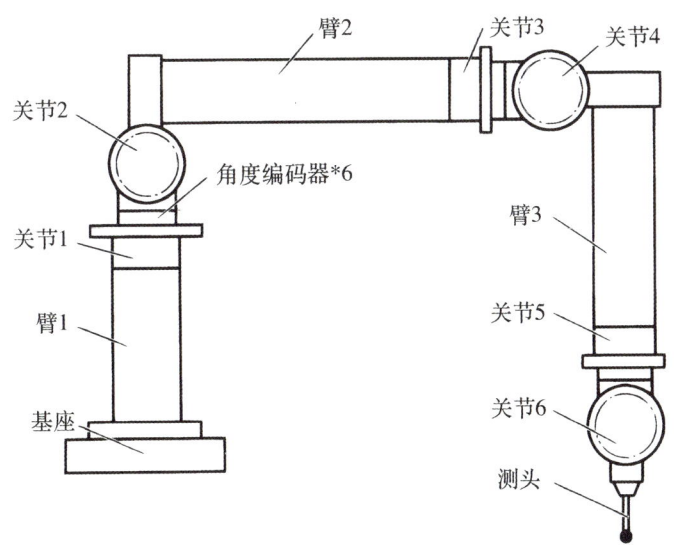

图1-19　关节臂式测量机结构模型

（2）手持激光扫描仪。 手持激光扫描仪是利用激光三角法测量物体表面的数据。该系统由硬件系统和软件系统组成。硬件系统是指手持激光扫描仪，软件系统是指与硬件系统相配套的数据处理软件。该扫描仪能够在任何自由度上对零件、文物、鞋模、玩具、汽车内饰件等进行扫描，从而快速、准确、无损地获取整个测量对象的三维数据模型，实现质量检测、现场测绘和逆向CAD建模及仿真模拟。手持测量仪一般具备的功能有：

①利用反射式自粘贴材料进行自定位。

②便携式设计，质量和体积小，运输方便，不受扫描方向、物件大小及狭窄空间的局限，可实现现场扫描。

③直接以三角网格面的形式录入数据，由于没有使用点云重叠分层，避免了对数据模型增加噪声点；采用基于表面最优运算法则的技术，扫描的面越多，获取的数据就越精确。

④扫描的同时在计算机屏幕上同步呈现三维数据，通过对定位点的自动拼接，可对扫描对象整体360°扫描一次成型，避免漏扫盲区。

⑤自动导出生成高质量的STL文件，该类型文件可直接导入CAD软件以及快速成型机和一些加工设备；同时兼容多种逆向软件，可根据需求生成各种CAD格式文件。

手持激光扫描测量系统可对扫描的模型表面进行自定位，即测量系统与模型之间的相对位置可以变化，所以可一次性录入整个模型数据。由于手持激光扫描测量系统自动化程度较高，所以操作流程较为简单，其主要流程如下：

a. 着色处理和配置颜色。如果扫描的模型由反射效果较为强烈的材质制成，如塑料、金属等，CCD无法正确捕捉到反射回来的激光，扫描仪就无法正常进行扫描。喷涂着色剂可以增强模型表面的漫反射，从而使CCD可正常收集数据。喷涂时不能过薄或不均匀，否则会影响点云数据的完整性。喷涂也不能过厚，否则会掩盖产品细节，也会增加产品尺寸，从而影响点云数据的精度。最佳的喷涂方式是多次喷洒，直至所有部分都能均匀地涂上颜色。若所扫描的模型不具有强烈的反光效果，则可以利用软件的色彩配置来实现模型的扫描。

b. 贴标记点。将标记点贴于模型的表面，进行空间位置的定位，可以将不同角度的扫描数据进行拼接。标记点面具有良好的反射，使扫描仪可以精确确定目标的空间位置，并将其表示在扫描系统的空间，利用激光扫描可辨识定位点间的目标，实现目标的三维建模。但由于该系统不能对标记点本身的表面状态进行识别，系统会自动将其补为平面。因此，该标记点不能被贴到特征部位或曲线变化很大的地方。贴标签的标记点距离通常为8~20cm，在曲率变化不大的地方少贴标签，而在特征和曲率变化很大的地方多贴标签。

c. 组配硬件系统。根据前一部分的内容来配置硬件系统。因为扫描仪的重量很轻，因此在装配和测量使用中较为轻松。在装配和测量时，要避免与扫描仪发生碰撞，以免造成扫描精度下降，严重时会对扫描器造成损伤。

d. 启动手持式扫描仪配套软件，观察配套软件内有无接收到扫描信号。

e. 扫描（图1-20）。在进行扫描前，首先要确定模型尺寸、颜色，然后设定相应的参数。扫描仪的激光发射装置应与被激光辐照的对应部位保持一定的距离，以保证扫描仪的最佳输入状态；若二者之间的距离太近或太远，系统会自动提醒。

扫描时，通常先从曲率变化不大的面开始，扫描结束后向邻近平面移动时，应确保三个以上的标记在扫描区域内，否则将会导致数据输入中断。若反复移动到邻近的平面都不成功，则可在两侧适当添加标记，以保证扫描工作顺利进行。在完成大部分的数据收集之后，可以开始对细节进行扫描。受测量精度及激光反馈原理等因素的制约，在微小部件的细节上，要获得良好的扫描结果，必须进行多角度、长时间连续扫描。利用电脑屏幕进行观测，可以得到点云的品质，从而判定扫描的品质是否达到要求，同时还能对点云不完整的区域进行进一步扫描。

f. 保存文档。

（3）光栅三维扫描仪。结构光投影测量法被认为是目前三维形状测量中最好的方法，其原理是将具有一定模式的光源，如栅状光条投射到物体表面，然后用两个镜头获取不同角度的图像，通过图像处理方法得到整幅图像像素的三维坐标，具有速度快、无需运动平台的优点。采用结构光投影测量法的三维扫描仪统称光栅三维扫描仪。

光栅投影相移法是基于光学三角原理的相位测量法，其将正弦的周期性光栅图样投影到被测物表面（典型光路图见图1-21），形成光栅图像。由于被测物体高度分布不同，规则光栅线发生畸变，其可看作相位受到物面高度的调制而使光栅发生变形，通过解调包含物面高度信息的相位变化，最后根据光学三角原理确定相位与物面高度的关系。

光栅投影测量的特点是：适宜较大测量范围，便于实时测量，宜用于表面光滑物的表面测量、精度高，但对光栅制作要求高、难加工、计算量大，对计算机要求高。

其他测量仪和测量方法还包括蓝光三维扫描仪（图1-22）和基于X射线的CT扫描法等。蓝光三维扫描仪利用蓝色激光束或蓝色光源进行三维扫描，通过投射蓝色光线到物体表面并捕捉反射回来的光线来生成物体的三维数据。该技术被广泛应用于工业设计、文化遗产保护等多个领域。CT扫描法也是一种有效的获取物体坐标点的方法，但其设备的使用及维护费用非常昂贵。其除了能获取物体外表面上的点外，还能获取物体内表面上的点。但所获得的点只能以物体的横截面形式给出，不利于物体表面的精确拟合。核磁共振MRI、超声层析成像等方法实现了对被测物体内部结构的无损测量，不过目前能达到的测量精度还很低，一般在0.1mm数量级。

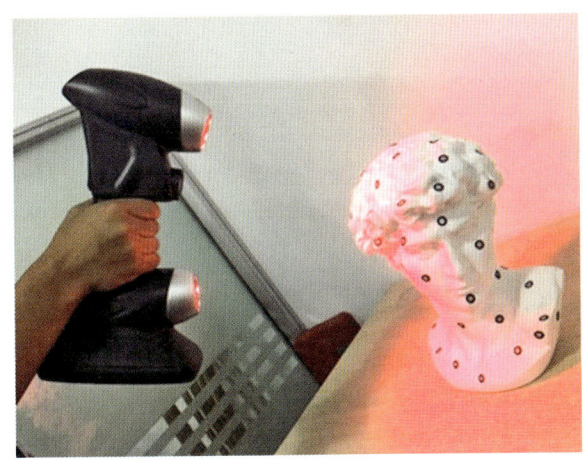

图1-20　手持激光扫描仪扫描

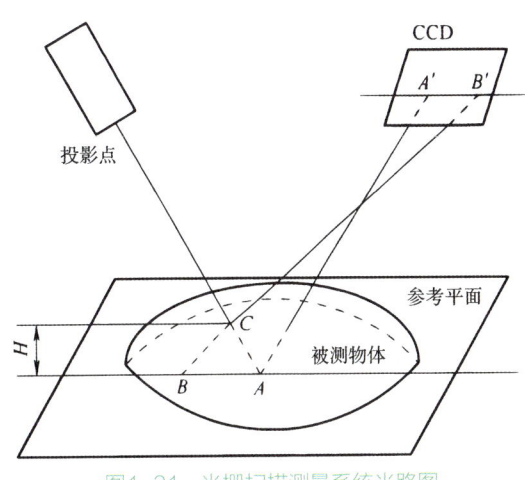

图1-21　光栅扫描测量系统光路图

图1-22 蓝光三维扫描仪

大差别，因此，在测量精度和实际应用中要有针对性地选择相应的测量手段。通常情况下，对于逆向工程测量方法的选择有以下要求：

（1）测量尽可能不破坏原始模型。

（2）在满足测量精度的前提下，测量速度尽可能快。

（3）测量得到的数据误差要保证在规定的误差范围内，以确保测量精度达到要求。

（4）测量过程要保证数据的基本完整性，以保证后续曲面重构的可操作性与重建曲面的完整性。

（5）在保证数据准确、完整的前提下，尽量减少费用。为了准确获取原型表面的形态特征，必须对其进行大量测点，因此逆向测量最终获得的数据量较大的空间点集被称作"点云"。

如表1-1所示总结了非接触式和接触式测量方法的各项参数及优缺点，并进行比较。

3. 非接触式和接触式测量方法的比较

不同的测量方法在测量精度和采集速度上有很

表1-1 非接触式和接触式测量方法的比较

测量方式	非接触扫描式	接触式扫描
测量精度	1～100μm	0.1～1μm
传感器	模拟光电器件	触发式开关器件
测量速度	1000～20000点/s	低于10点/s
前置作业	需进行表面处理	不需要处理
基准	不需要建立基准坐标系	需要建立基准坐标系
工件材料	不限定	大于一定硬度
测量死角	光学阴影处	工件内部及其小尺寸孔、槽
误差	曲率变化大则误差大	测头长则误差大
优点	1. 测量速度快； 2. 无需进行测头半径补偿； 3. 可测量柔软、易碎、不可接触、薄壁件、毛皮等工件； 4. 不会损伤工件表面精度	1. 精度高； 2. 对测量零件的粗糙度、反射性能要求不高 3. 可以直接测量工件的几何特征
缺点	1. 测量精度差，特别是工件与测头不垂直时误差较大； 2. 无法测量特定几何特征； 3. 无法测量陡峭面； 4. 工件表面质量对测量精度影响较大	1. 速度慢； 2. 需要对测量进行测头半径补偿； 3. 测头测量各向异性影响测量精度； 4. 测头易磨损，损伤工件表面精度； 5. 无法测量深孔，小孔，窄缝； 6. 曲面测量会引入测头补偿误差

二、数据处理

随着计算机辅助设计软件的飞速发展，逆向工程技术能够根据现有实物，通过CAD、CAM、CAE等技术建立3D模型。逆向工程技术通过获取实物的外观尺寸，将其制作成3D模型。首先，以三维数据测量设备测取工件样品或模型的三维轮廓坐标数据，然后使用反求软件进行曲面编辑、修改、重构，并对重构的曲面进行在线精度分析，评价构造效果，最终生成IGES或STL数据文件。IGES文件可传给一般的CAD系统（如UG、Pro/E等）进一步修改和再设计，也可以传给CAM系统（如UG、MASTERCAM、SMART-CAM等）进行道具路径设定，生成数控代码，由CNC机床加工出实体。此外，STL数据经曲面断层处理后，还可以直接利用激光快速成型技术制造出实体。这些工作都需要逆向工程方面的计算机软件来实施完成（图1-23）。

这些软件包括两大类：一类是造型和数控编程软件，用于事前编好测量程序，实现相应的自动测量；另一类是采集数据后的处理软件，用于修正、编辑、建构三维数据和模型。此外，为保证系统正常工作，也需要系统调试、测量、运行所用的通用软件和专用软件包。

通常人们理解的逆向工程软件主要指采集数据的后处理软件，有通用和专用两种，功能都是点云处理、曲线处理和曲面处理，如点云的噪声滤除、补点、内插补、细线化、曲线建构、曲面建构、曲面修改等，然后以IGES，DXF，STL等多种格式输出。

1. 数据预处理

由于计算机技术的飞速发展，逆向工程测量系统的智能化程度不断提高，无论接触式还是非接触式的测量，都会导致数据量的猛增，而且无论采用哪一种仪器进行测量，都会受到一定的环境因素的影响，从而导致测量结果出现偏离点和无效点，从而影响重构的准确性。因此，在重构模型之前，通常会采用一种合理的算法来消除点云数据中的不合理信息，同时对点云进行压缩，保证快速、高效地重构。在反向工程中，数据预处理是最重要的一步，它的结果对重构模型的质量有很大的影响。数据预处理过程主要包括以下几个方面：

（1）点云去噪。由于测量环境等客观条件的影响，在测量过程中难免会出现噪声点。噪声点对数据进行拓扑关系的建立、数据平滑等处理过程有影响，从而对重构的建模质量产生不良影响。所以，在重构模型之前，必须对点云进行去噪。点云的种类不同，其处理方法也不尽相同。在有序的点云中，常用的是滤波法，而散乱点云则是首先通过空间分割来构建点云的拓扑关系，再进行去噪。

（2）数据精简。通常采用线式激光扫描仪等设备测量的数据都是高密度、大范围的点云。但由于数据量大，三角网格的建立、曲面重构等相关的处理都需要耗费大量的内存和计算资源，因而拖慢了整个建模过程。另外，在实际重构中，并非点云中的每个点都能参与到曲面重构中，多余的数据点不仅会加大重构的工作量，还会对重构的效果产生一定的影响。所以，对海量的点云数据进行精简非常重要。数据的精简是逆向工程数据预处理的一个关键环节，它直接关系到三角网格的建立和曲面重构的效率。

（3）数据拼接。无论哪一种测量方法，都不可能通过一次测量就获得全部点云数据。为了得到完整的形貌数据，通常需要对工件进行多次定位。在进行模型重构之前，要对各种位置下的数据进行拼接。首先是利用空间变换矩阵将数据转换为相同的坐标系统，然后消除点云中的重叠数据点，最后得到整个物体的形态信息。

目前点云的拼接技术有两种：①直接对点云数据的应用算法进行拼接，得到完整统一的图像。②将工件在不同位置测量后的点云数据分别进行处理，获得零件不同位置的三维模型，将其拼接在一起。在此基础上，将所获得的数据进行重构，并将所获得的重构后的数据进行拼接，从而获得一个完整的工件模型。

（4）特征识别。特征识别主要是从测量得到的数据中提取对曲面重建有用的特征点，然后根据这些点生成特征曲线或特征曲面。这些特征曲线或特征曲面对重建的模型品质有着至关重要的作用。测量得到数据经过一系列的处理后先提取线特征，再提取面特征。特征识别也是通过滤波方法来实现的，其方法主要是依据设定的曲率变化梯度，预测和判别点云的突变特征,方便后续重建模型。

2. 曲面重构技术

只有准确地建立原始数据所代表的几何模型,对实物原型的改进、创新设计、再制造才有实际意义。因此,曲面重构是逆向工程CAD建模中最核心的环节。利用经过预处理操作后的点云数据重组几何曲面模型的过程即曲面重构。现有的曲面重构方法主要分为两类:基于样条的曲面重构与基于三角网格的曲面重构。基于三角网格的曲面重构方法主要有基于德劳内(Delaunay)的三角化方法、基于区域增长的网格重构法、采用以逼近为原理的隐式曲面重构法等。

Delaunay三角化方法是基于Voronoi图的点云处理方法。相对而言,用该方法重构的曲面有较好的质量。采用Delaunay三角化方法及其改进的各类方法都可以满足点云数据拓扑结构的一致性,进而确保重构曲面的质量。但此种方法涉及的计算步骤较多,会极大地占用计算机内存。采用以区域增长为基本原理的网格重构法恰好能够弥补Delaunay三角化方法在计算速度上的缺陷,适合数据量较大的计算,但是必须对点云数据提前进行拓扑结构的划分,并且重构过程中对三角面片之间的重复判别比较困难,操作性较差。采用以逼近为原理的隐式曲面重构法将对数据平滑处理融入其中,尤其适用需要对外表面进行平滑处理的模型。但是由于其对细节几何特征的恢复较差,所以不适合那些对细节因素要求高的模型重构。

由于无法完全满足用户对产品造型的需求,

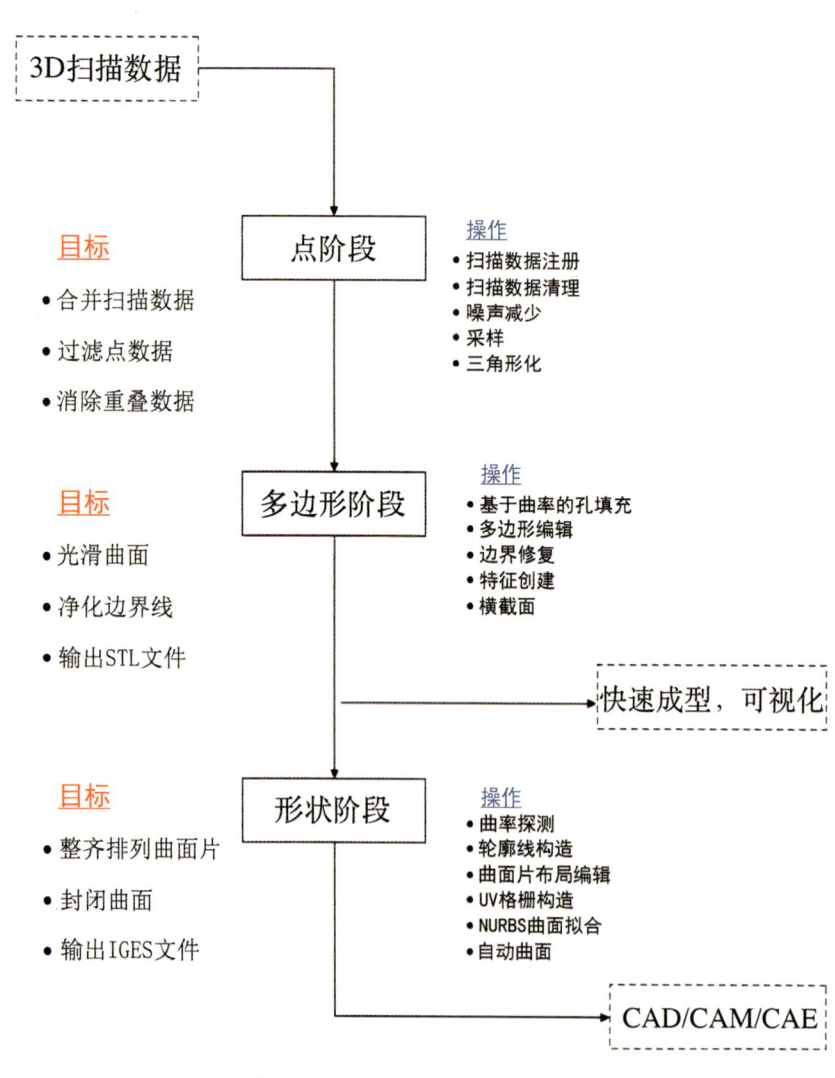

图1-23 逆向工程软件处理流程图

因此逆向工程CAD软件很难与现有主流CAD/CAM系统，如CATIA、UG、Pro/ENGINEER和SolidWorks等抗衡。很多逆向工程软件成为这些CAD/CAM系统的第三方软件。如UG采用Imageware作为UG系列产品中完成逆向工程造型的软件，Pro/ENGINEER采用ICEM Surf作为逆向工程模块的支撑软件。此外还有一些独立的逆向工程软件，如Geomagic等，这些软件一般具有多元化的功能。例如，Geomagic除了处理几何曲面造型以外，还可以处理以CT、MRI数据为代表的断层界面数据造型，从而使软件在医疗成像领域具有相当的竞争力。另外一些逆向工程软件作为整体系列软件产品中的一部分，无论数据模型还是几何引擎，均与系列产品中的其他组件保持一致，这样做的好处是逆向工程软件产生的模型可以直接进入CAD或CAM模块中，实现了数据的无缝集成。

三、数据处理软件

点云扫描数据中往往含有大量的噪声点和多余的点云信息，因此，点云数据的处理必须采用专用的逆向建模软件。市面上常见的逆向建模软件有CopyCAD、Mimics、UG、Imageware、Geomagic、Surface Reconstruction、RapidForm等。这些逆向工程软件具有不同功能和特性，但都具备了一些基本的功能，如网格划分、三角面处理、拟合、曲面优化、曲面编辑等，并且可以将各种模型导出成各种类型的文件。当前已有的逆向软件主要包括两类：一是集成了专用逆向模块的正向CAD/CAM软件，如集成快速曲面建模等模块的CATIA、包含Pro/Scan-tools模块的Pro/E，及包含Point Cloudy功能的UG等；二是专用的逆向工程软件，典型的有Geomagic系列软件，如RE-Soft、ICEM Surf、PolyWorks和CopyCAD等。全球3D打印龙头Materialise公司的MIMICS软件、德国西门子公司的UG软件、美国3D System公司的Geomagic系列软件在医学工程领域比较有名。MIMICS软件是基于CT、MRI等医学图像进行逆向重建的软件，具有分割CT医学图像和图像编辑的功能。UG和Geomagic系列软件是CAD软件之一，具有强大的数据处理和编辑功能。

下面介绍几个比较著名的逆向工程数据处理软件。

1. Imageware

Imageware由美国EDS公司出品，是最著名的逆向工程软件。Imageware软件正被广泛应用于汽车、航空、航天、消费家电、模具、计算机零部件等设计与制造领域。该软件拥有广大的用户群，国外有BMW、Boeing、GM、Chrysler、Ford、Raytheon、Toyota等公司，国内则有上海大众、上海交通大学、上海德尔福（DELPHI）、成都飞机制造公司等，其都应用该软件进行逆向工程技术的实施。

以前，该软件主要被应用于航空航天和汽车工业，因为这两个领域对空气动力学性能要求很高，在产品开发的初始阶段就要认真考虑空气动力性。常规的设计流程首先要根据产品功能结构的需要设计出外观造型，再由专业模型制作人员制作出油泥模型，之后将其送到风洞实验室去测量产品模型的空气动力学性能，然后根据实验结果对模型进行反复修改，直到获得满意的结果，如此所得到的最终油泥模型才是符合需要的模型。如何将油泥模型的外形数据精确地输入计算机形成数字模型？这就需要采用逆向工程软件。首先，利用三坐标测量仪测出模型表面的点阵数据，然后利用逆向工程软件（如Imageware Surfacer）进行处理即可获得class1曲面。

随着科学技术的进步和人们生活方式的不断变化以及消费水平的不断提高，许多行业也纷纷采用逆向工程软件进行产品设计。以微软公司设计生产的鼠标为例，就其使用功能而言，只需要有三个按键就可以满足使用需要。但是，怎样才能让鼠标的手感最好，而且经过长时间使用也不易产生疲劳感，却是生产厂商需要认真考虑的问题。因此，微软公司首先根据人机工程学理论制作了几个模型并交给使用者评估，然后根据评估意见对模型直接进行修改，直至修改到大家都满意为止，最后将模型数据利用逆向工程软件Imageware生成CAD数据。当产品推向市场后，由于外观新颖、曲线流畅，再加上手感很好，符合人机工程学原理，因而迅速获得用户的广泛认可，产品的市场占有率大幅度上升。

Imageware 逆向工程软件的主要产品有：

①Surfacer —— 逆向工程工具和class 1曲面生成工具。

②Verdict —— 对测量数据和CAD数据进行对比评估。

③Build it —— 提供实时测量能力，验证产品的制造性。

④RPM —— 生成快速成型数据。

⑤View —— 功能与Verdict相似，主要用于提供三维报告。

Imageware由于在逆向工程方面具有技术先进性，产品一经推出就占领了很大的市场份额，软件收益正快速增长。

2. Geomagic 系列软件

Geomagic系列软件（Geomagic Design X、Geomagic Wrap、Geomagic for SOLIDWORKS）是美国3D System公司所开发的用于逆向工程、三维扫描的专业软件，具有强大的数据处理和三维模型重建功能，也是现在最常用的逆向工程软件之一。Geomagic Wrap（原Studio）软件可对采集到的三维点云进行一系列的处理，并以处理后得到的多边形模型为依据，创建出逼近原扫描对象的NURBS曲面模型或CAD模型。Geomagic Design X是最全面的逆向工程软件，结合了基于历史的CAD与三维扫描数据处理，其工作流见图1-24。Geomagic Wrap（原Studio）软件的曲面模型重构方法主要通过四边形的NURBS曲面拟合模型，使用一系列NURBS曲面来精确拟合模型的各个面，其工作流见图1-25。Geomagic for SOLIDWORKS是完整的、从扫描到SOLIDWORKS的集成逆向工程解决方案，支持导入标准点和多边形文件格式，是连接物理零件和CAD到SOLIDWORKS环境的桥梁，可以促进快速设计、工程处理和生产制造。

Geomagic Design X主要功能包括：

①可用于多种当下最主流设备的3D扫描仪直接控制工具。

②与Geomagic Capture扫描仪完全集成。

③支持导入包括多边形、点云和CAD在内的60多种文件格式。

④专业处理大规模面片和点云数据对齐、运算和优化、面片构建。

⑤简单易用的面片修理工具提供的智能刷有自动穴填补、平滑控制、面片优化、重新包覆和润色工具等。

⑥直接从3D扫描中自动提取基于特征的实体和曲面。

⑦快速创建实体或曲面。

⑧自动精度分析工具，根据原始的扫描数据比较和验证曲面、实体和草图。

⑨"精确"曲面创建方式可将有机形状转换为精确的CAD模型。

⑩支持以多种方式导出中性数据格式的CAD或多边形文件。

⑪在Keyshot中为设计打造出色的渲染效果。

Geomagic Wrap主要功能有：

①支持非接触3D扫描和探测设备。

②基于三维扫描数据进行点云编辑并快速创建精确的多边形模型。

③用于孔填充、平滑化、修补和不透水模型。

④创建多边形编辑工具。

⑤来自Geomagic Wrap的数据进行3D打印、快速成型和制造。

⑥扩展的精确曲面创建工具提高了用户对于曲

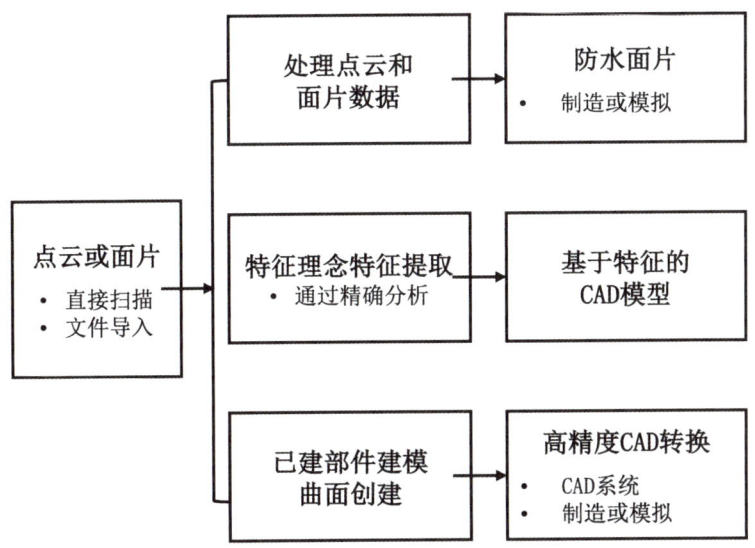

图1-24　Geomagic Design X工作流

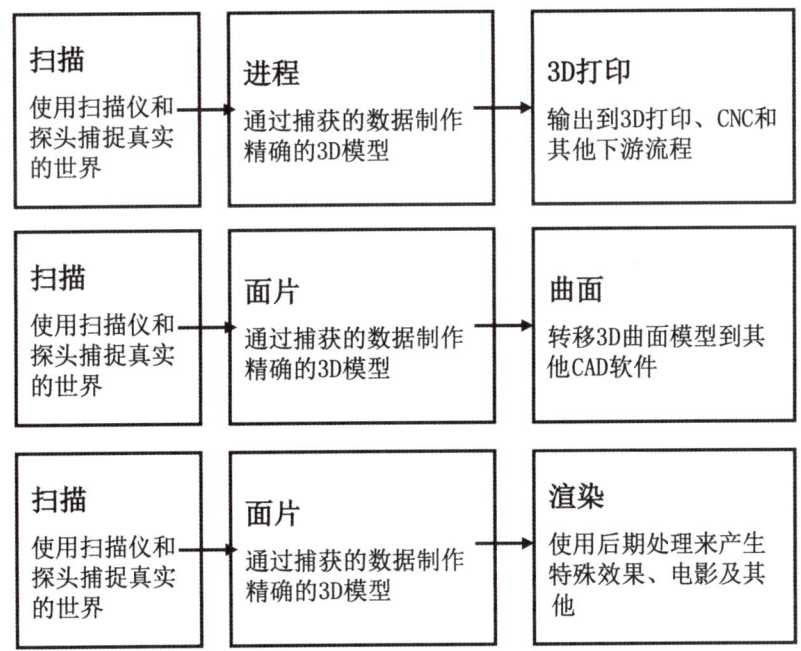

图1-25　Geomagic Wrap 工作流

面质量和布局的控制，并实现了对NURBS补丁布局、曲面质量和连续性的完全控制。

3. CopyCAD

CopyCAD是由英国DELCAM公司出品的功能强大的逆向工程系统软件，它能允许从已存在的零件或实体模型中产生三维CAD模型。该软件为来自数字化数据的CAD曲面的产生提供了复杂的工具。CopyCAD能够接受来自坐标测量机床的数据，同时跟踪机床和激光扫描器。

CopyCAD简单的用户界面允许用户在尽可能短的时间内进行生产，并且能够快速掌握其功能，即使初次使用者也能做到这点。使用 CopyCAD的用户能够快速编辑数字化数据，产生具有高质量的复杂曲面。该软件系统可以完全控制曲面边界的选取，然后根据设定的公差能够自动产生光滑的多块曲面。同时，CopyCAD还能够确保在连接曲面之间的正切的连续性。

4. RapidForm

RapidForm是韩国INUS公司出品的全球四大逆向工程软件之一。RapidForm提供了新一代运算模式，可实时将点云数据运算出无接缝的多边形曲面，使它成为三维扫描后处理的最佳化的接口。RapidForm也能使工作效率提升，使3D扫描设备的运用范围扩大，改善扫描品质。

第五节　Geomagic Wrap软件的使用

Geomagic Wrap是由3D System公司出品的三维扫描软件，可从扫描所得的点云数据创建完美的多边形模型和网格，并可自动转换为NURBS曲面。该软件通过精确曲面重构得到的模型是由一系列四边形NURBS曲面所组成的集合体，可重建以复杂自由曲面特征为主的模型（比如艺术品或人体），以及一系列几何特征明确的曲面构成的模型（比如以规则曲面特征为主的机械产品模型）。

Geomagic Wrap可根据任何实物零部件自动生成精确的三维数字模型，为新兴技术应用提供了选择，如定制设备的大批量生产、即定即造的生产模式，以及无任何数字模型零部件的自动重造。Geomagic Wrap软件被广泛应用于汽车、航空、制造、医疗建模、艺术和考古领域。

注：本章中示例使用的软件是Geomagic Wrap 2017，示例文件来自Artec 3D。

Geomagic Wrap软件中完成三维模型的重建需要经过三个阶段的操作，分别为：点云阶段、多边形阶段、曲面阶段。点云阶段的主要作用是对导入的点云数据进行预处理，去除点云中的杂点和不需要的部分，并将处理后的点云转换为多边形模型；多边形阶段是去除错误三角形、修复面片上的缺陷，以获得高质量的三角面片模型，提高后续的曲面重建质量；曲面阶段的主要作用是将三角面片模型拟合为NURBS曲面模型，三角面片模型是由一系列三角形面片拼合而成的三维数字化数据。因此，可在高质量三角面片模型的基础上，通过精确曲面阶段的处理将三维面片模型拟合为NURBS曲面模型。如图1-26所示是Geomagic Wrap主要的操作流程及目标。

下面介绍Geomagic Wrap的基本操作。

基础模块

提供基础的操作环境，包括文件保存、显示控制、数据结构等。Geomagic Wrap用户界面如图1-27所示。

Geomagic Wrap用户界面主要包含以下几部分：

（1）管理器面板。管理器面板包括"模型管理

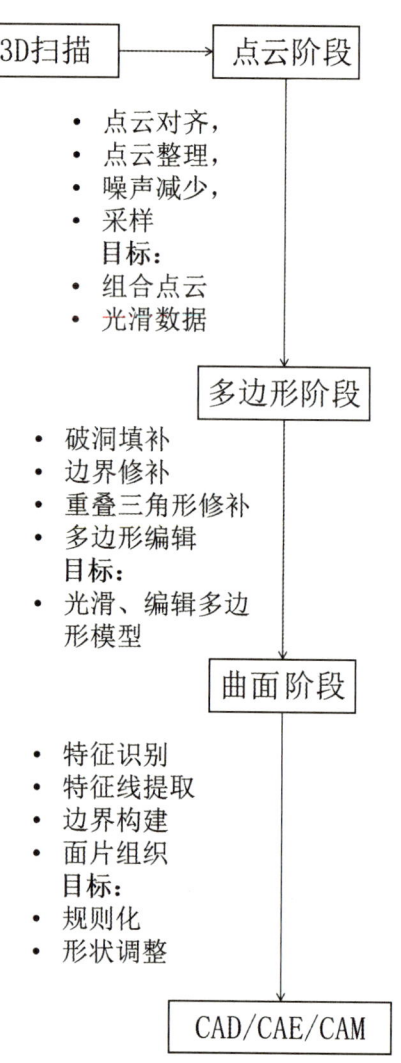

图1-26　Geomagic Wrap主要的操作流程及目标

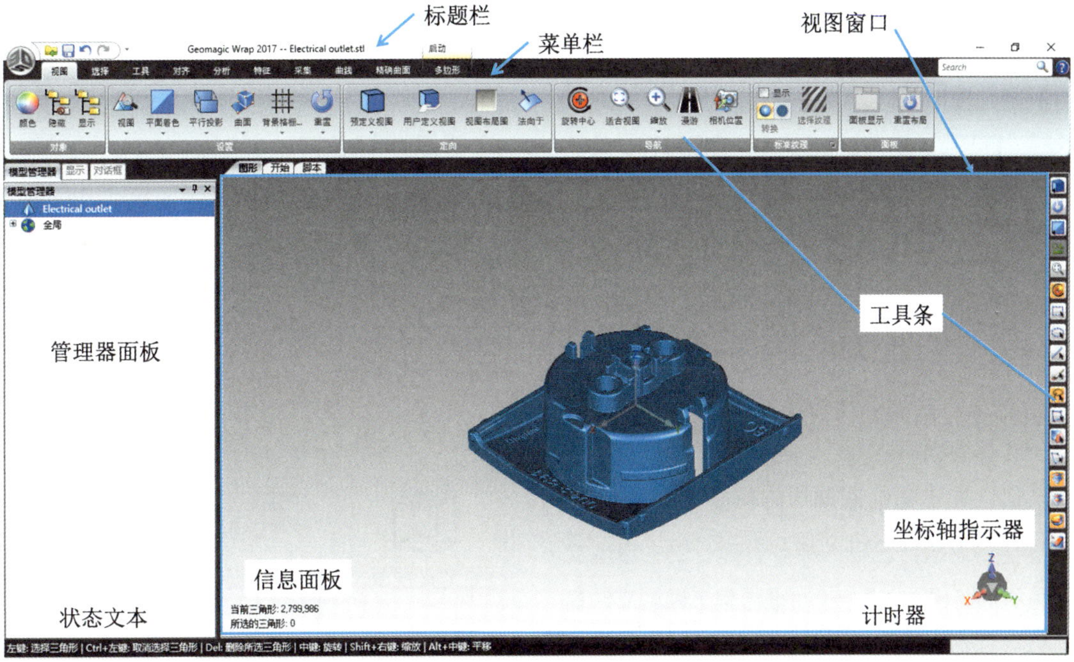

图1-27 Geomagic Wrap用户界面

器""显示"和"对话框"三个管理选项卡。"管理器面板"可以通过菜单"视图"→"面板显示"→选择"模型管理器"中的"显示"和"对话框"开启或关闭。其中,"模型管理器"用于显示打开的文件数目及文件类型,"显示"用于控制对象的显示,"对话框"用于显示正在执行的命令。

（2）信息面板。信息面板用于显示正在显示的模型信息及内存使用信息,其显示内容可通过管理器面板上的"显示"进行更改。

（3）状态文本。状态文本用于提示用户相关操作信息,比如系统正在进行的操作、软件的快捷键等。

（4）计时器。计时器用来显示软件在处理数据时的进程。

（5）坐标轴指示器。坐标轴指示器显示模型相对于坐标轴的当前位置。

（6）工具条。工具条包含软件操作常用命令的快捷图标,比如套索选择、预定义视图图标等。

（7）菜单栏。菜单栏用于显示软件可以执行的各种命令。

（8）视图窗口。视图窗口在软件窗口中所占面积最大,用于显示当前工作模型,可在视图窗口内观察、操作,选取当前模型。

Geomagic Wrap 的键鼠操作

在Geomagic Wrap中,用户可使用鼠标对数据模型进行旋转、缩放、平移以及选取等。将鼠标左键、中键和右键分别写作MLC、MMC和MRC,则键鼠操作可以实现的功能如下：

（1）鼠标左键MLC。单击鼠标左键：选择用户界面的功能、激活对象元素、单击数值栏内的箭头改变数值大小等。按住MLC并拖动：选中当前模型上的区域。同时按住Crtl键和MLC：取消当前模型上的选中区域。同时按住Alt键和MLC：调整模型光源的角度和亮度。

（2）鼠标中键MMC。滚动MMC：在视图窗口内滚动可放大或缩小当前模型,在数值栏内滚动可放大或缩小数值。单击MMC并拖动：在视图窗口中可进行当前模型的旋转。同时按住Ctrl键及MMC：激活多个对象。同时按住Alt键和MMC：平移当前模型。同时按住Shift键、Ctrl键和MMC：移动模型。

（3）鼠标右键MRC。单击MRC：弹出快捷菜单,菜单内包含常用命令。同时按住Ctrl键和MRC：旋转当前模型。同时按住Alt键和MRC：平移当前模型。同时按住Shift键和MRC：缩放当前模型。

（4）键盘快捷键。Geomagic Wrap提供了利用键盘快捷键启动某个命令的功能,可在软件帮助中得到更多信息。

Geomagic Wrap基本操作示例

（1）打开模型文件。单击软件左上角"3DS"图标选择"打开"，或单击左上角 图标打开文件。

选择需要打开的文件后，软件弹出"单位"对话框，如图1-28所示，可依据模型对应实体产品的大小选择不同单位进行显示。

（2）转换视图。Geomagic Wrap中为用户提供了多种预定义视图，包括俯视图、仰视图、左视图、右视图、前视图、后视图和等测视图（图1-29）。电源插座模型的各个视图见图1-30。

（3）管理器面板的使用。模型管理器选项卡：模型管理器中可进行已导入模型管理。单击模型文件名称可激活此模型，按住Ctrl键再单击模型文件名称可同时激活多个模型。在选中的模型文件上单击右键弹出菜单选项，可对模型进行隐藏、重命名、删除、保存、复制等操作（图1-31）。

显示选项卡（图1-32、图1-33）：显示选项卡内有常规、几何图形显示、光源、覆盖选项组。常规选项组可选择是否显示全局坐标系、坐标轴指示器及边界框，可通过选择透明选项并滑动滑块改变透明度，如果改变"静态显示百分比"和"动态显示百分比"的数值，可限制可见的静态、动态数据的数据量，提高观察模型的速度，可降低对计算机的硬件资源要求，在处理大型扫描数据文件时十分有利。

选择命令的使用

选择命令是Geomagic Wrap中使用频繁的命令之一。在处理扫描数据时，经常需要通过选择命令对数据进行全局或拒不选择，或者删除数据中不需要的部分。在选择命令栏中，可在选择工具选项中选择矩形、椭圆、直线、画笔、套索等不同工具。

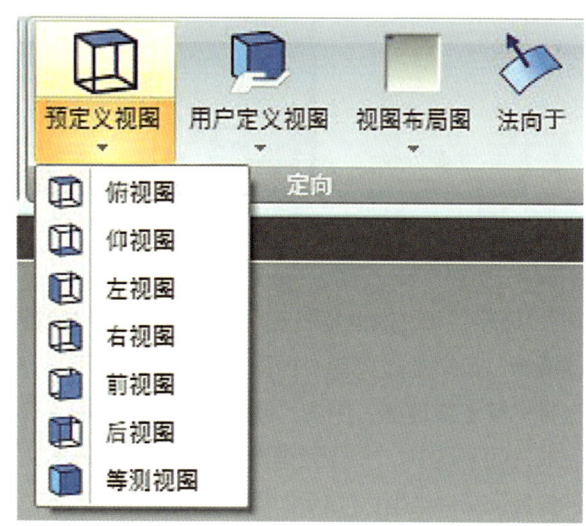

图1-29　Geomagic Wrap预定义视图选择

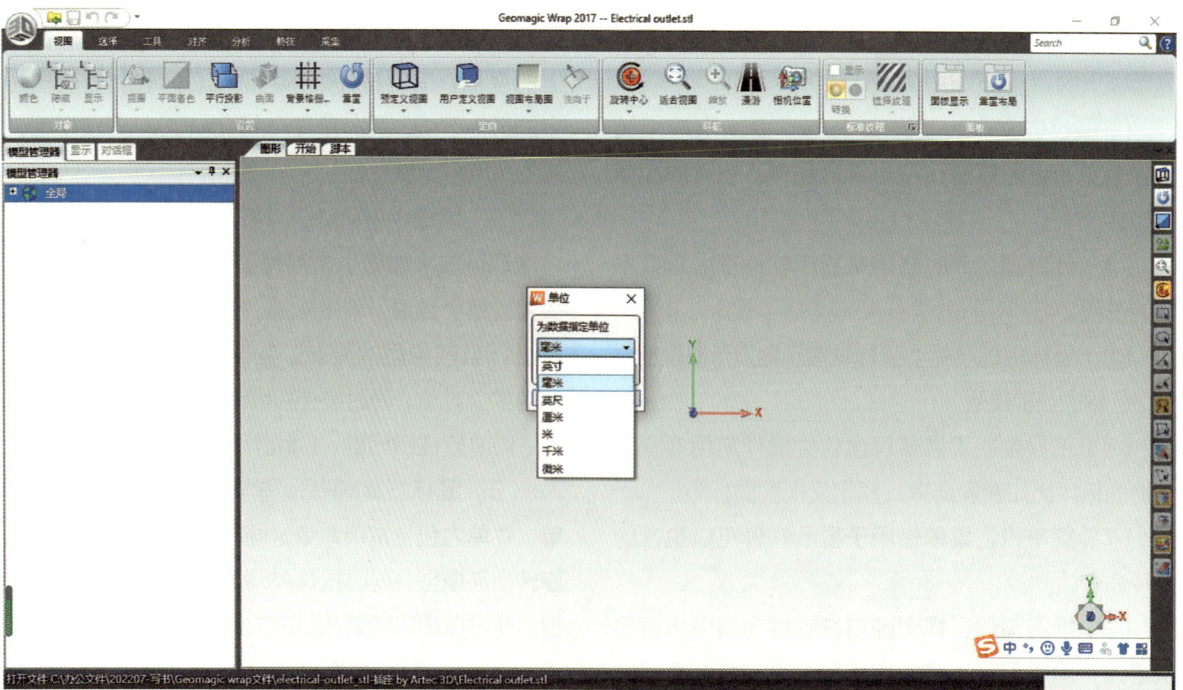

图1-28　Geomagic Wrap 单位对话框

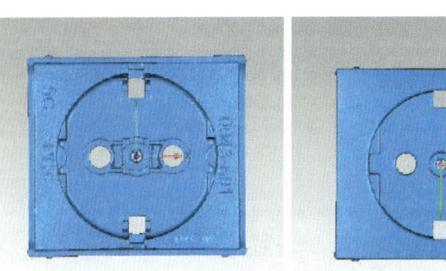
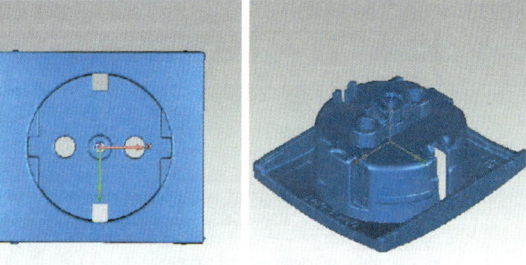
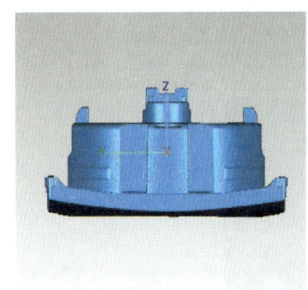
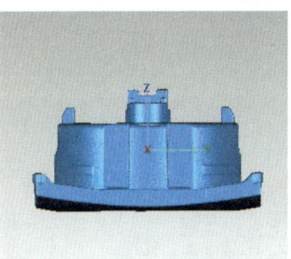
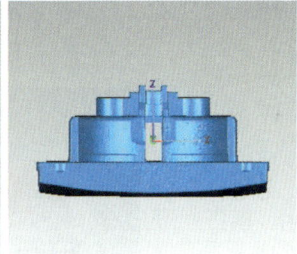
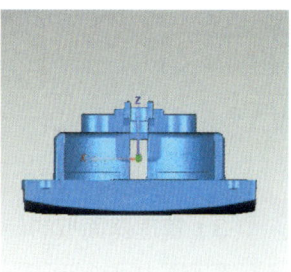

图1-30　电源插座模型的各个视图

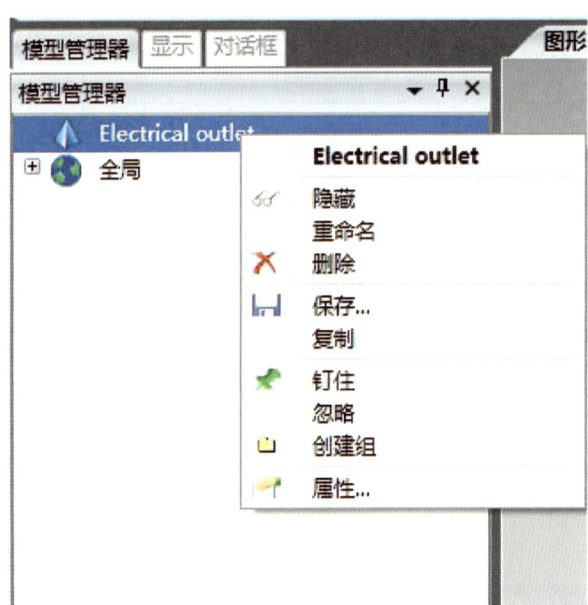
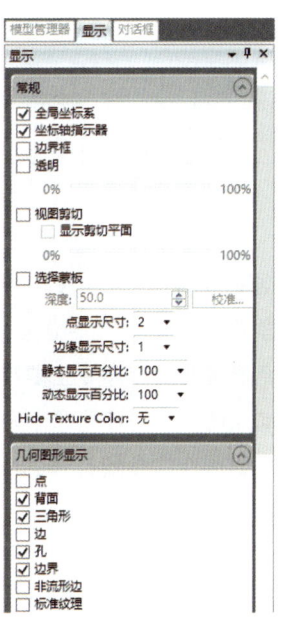
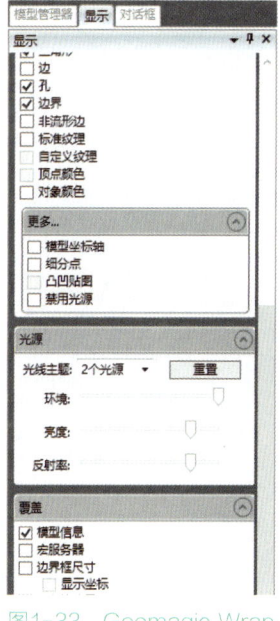

图1-31　Geomagic Wrap模型管理器选项卡　　图1-32　Geomagic Wrap显示选项卡1　　图1-33　Geomagic Wrap显示选项卡2

Geomoagic Wrap中提供了扩展和收缩选择区域范围的工具，点击"选择"→"扩展"或"收缩"可使用。

模型中被选中的部分以红色表示，如图1-34所示。

点阶段的操作

Geomagic Wrap可以各种格式（ASCII、TXT、IGES等）载入现有点云数据，经过一系列处理变成完整的点云数据，并封装成可处理的多变性数据模型。点阶段主要思路如图1-35所示。

在对实物模型进行数字化过程中，一些无关的数据（如实验台表面、背景等）也会被采集到。通常实物模型扫描数据量大，而且数据中会包含大量的噪声。所以点阶段主要对点云数据进行整理、减少噪声并采样。点阶段先分别对采集到的多组数据进行点处理，然后利用不同数据间的共同点进行"注册"，将多组数据合为一组数据。而后对点云数据进行采样处理，在保证模型数据精度的基础上减少点

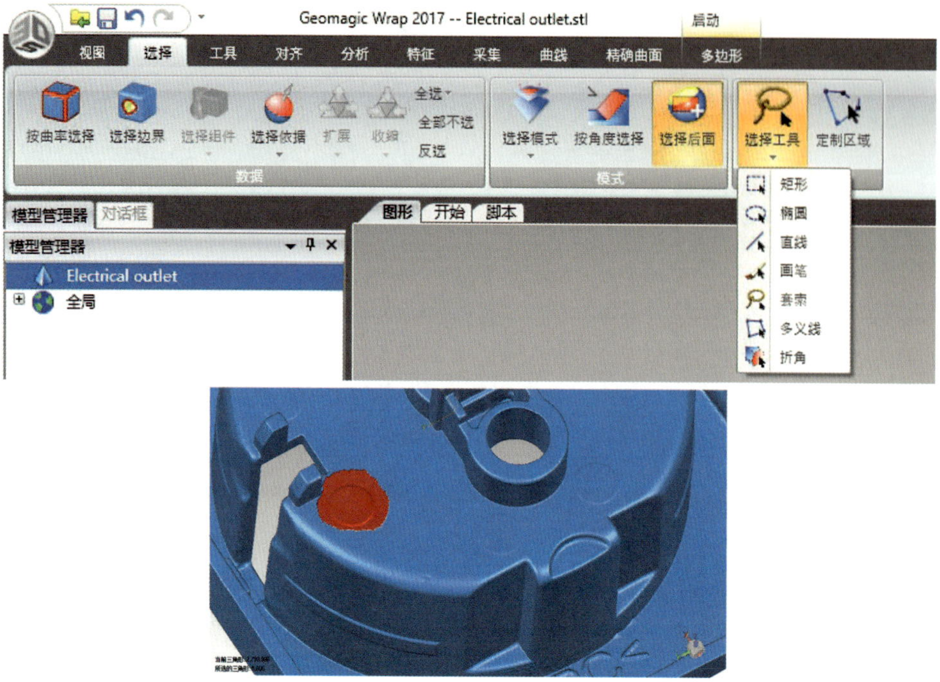

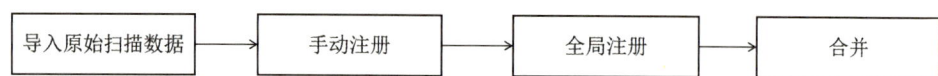

图1-34　Geomagic Wrap的选择命令

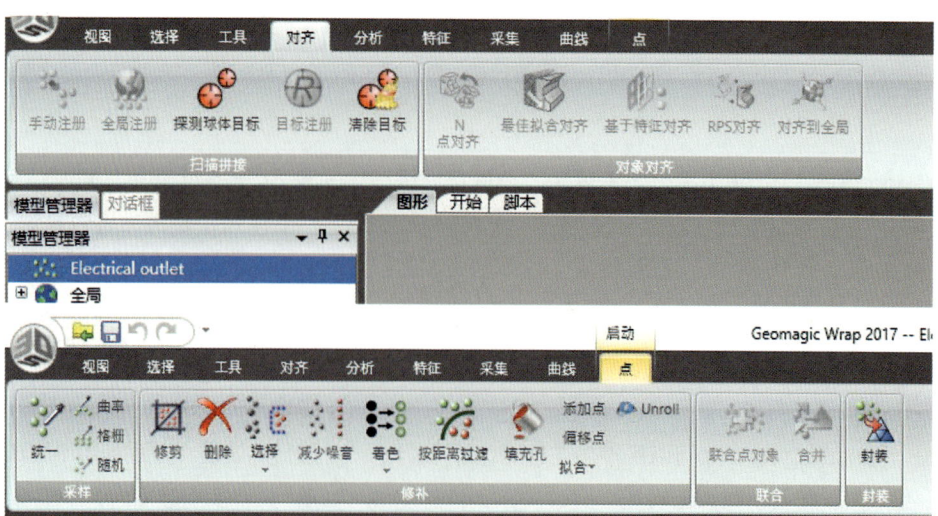

图1-35　点阶段主要思路

云数据量的大小，以加快软件处理数据的速度。然后将采样后的数据封装合并为一个边界理想、孔数不多、表面较完整的多边形网格模型。

点阶段的操作命令主要在"对齐"命令栏和"点"命令栏中。"对齐"命令栏中的手动注册、全局注册命令只有在已有多个模型数据被导入后才会被激活。"点"命令栏中的操作命令随打开的模型数据是否有序而变化。如图1-36中为无序点的菜单命令。

图1-36　Geomagic Wrap导入无序点数据后的菜单栏

多边形阶段的操作

Geomagic Wrap的多边形阶段主要是对已经封装的扫描模型数据进行一系列处理，得到完整理想的多边形模型数据，为曲面拟合做准备。多边形阶段主要处理思路如图1-37所示。

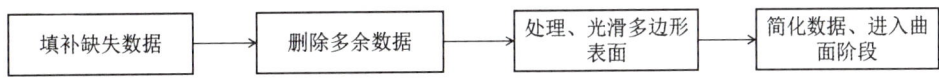

图1-37　多边形阶段主要处理思路

多边形阶段的主要操作命令在"多边形"命令栏内，包括修补、平滑、填充孔、联合、边界和转换功能模块，见图1-38。

点阶段处理封装后的多边形模型数据中可能存在非流形三角形，这会阻碍曲面重建，同时扫描时可能产生扫描不完整等情况，模型表面可能出现孔洞，因此多边形阶段处理第一步需先去除非流形的多边形数据（"开流形"或"闭流形"命令，多边形模型为开放片状时使用"开流形"命令，为封闭图形时使用"闭流形"命令，见图1-39），然后对缺失的数据进行填充（"填充孔"命令，见图1-40）。多边形模型表面有时会有凸起、凹陷等不需要的特征，可用"去除特征"命令删除（图1-41），被选中的特征会显示为红色。需要注意的是，在去除特征时，应选择合适的特征区域，宜多次选取、多次去除，以保证效果。多边形模型的表面光滑程度达不到要求时，可使用"松弛"和"砂纸打磨"命令进行处理，以提高其表面光滑程度（图1-42）。"网格医生"命令可对多边形模型进行修补，单击"网格医生"命令后出现对话框，

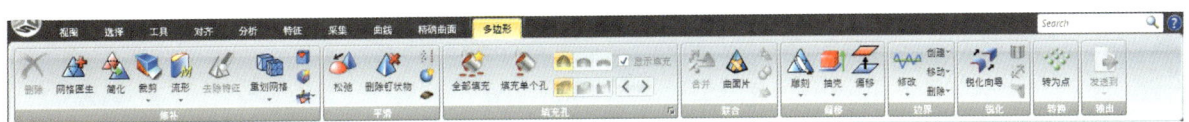

图1-38　Geomagic Wrap多边形命令栏

图1-39　Geomagic Wrap 流形处理

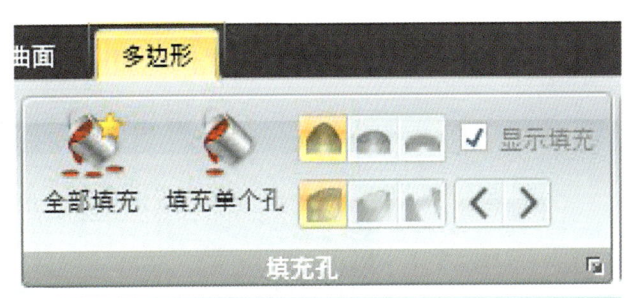

图1-40　Geomagic Wrap "填充孔"命令

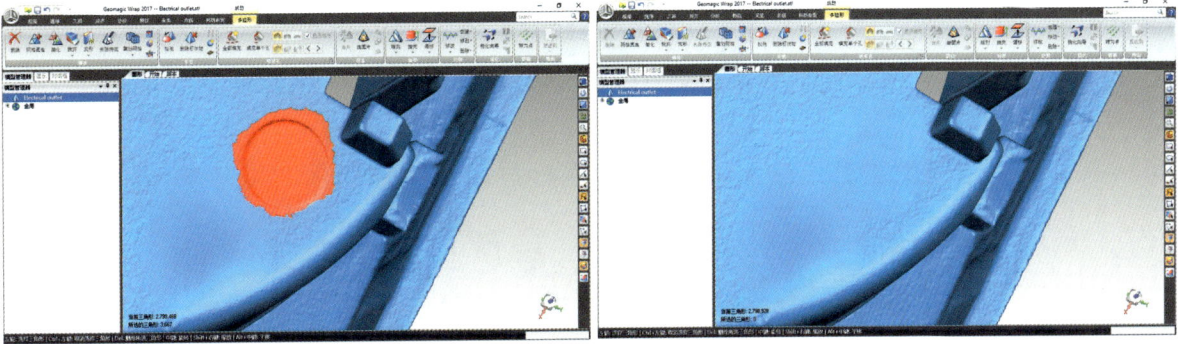

图1-41　Geomagic Wrap "去除特征"命令

显示多边形模型中的自相交、钉状物、小组件、小孔等分析结果，自相交、小组件和钉状物等在模型中以红色显示（图1-43），小孔边界以绿色显示。单击应用按钮，软件将自动修复选中的模型区域，并填充小孔。然后单击确定保存修复结果，退出对话框。"填充孔"模块中可选择填充单个孔或全部填充所有孔，填充孔的方式有曲率 、切线 和平面 或完整孔 、边界孔 和搭桥 。可根据模型需要选择合适的填孔方法。

精确曲面阶段

Geomagic Wrap的精确曲面阶段将多边形模型转化为理想的NURBS曲面模型。其命令位于"精确曲面"命令栏内（图1-44）。单击"精确曲面"后，命令栏内的其他选项会被激活。

单击"自动曲面化"，弹出命令对话框，根据模型外形选择"机械"或"有机"。"有机"选项适用于浮雕类模型，选择该选项时，生成的NURBS曲面模型注重形状的精度。"机械"选项适用于CAD设计的模型，选择该选项时，生成的NURBS曲面模型

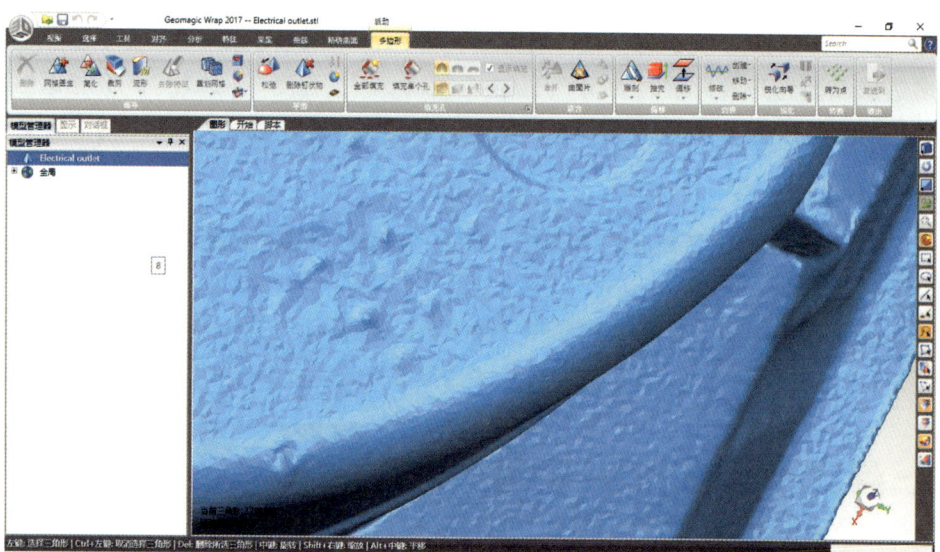

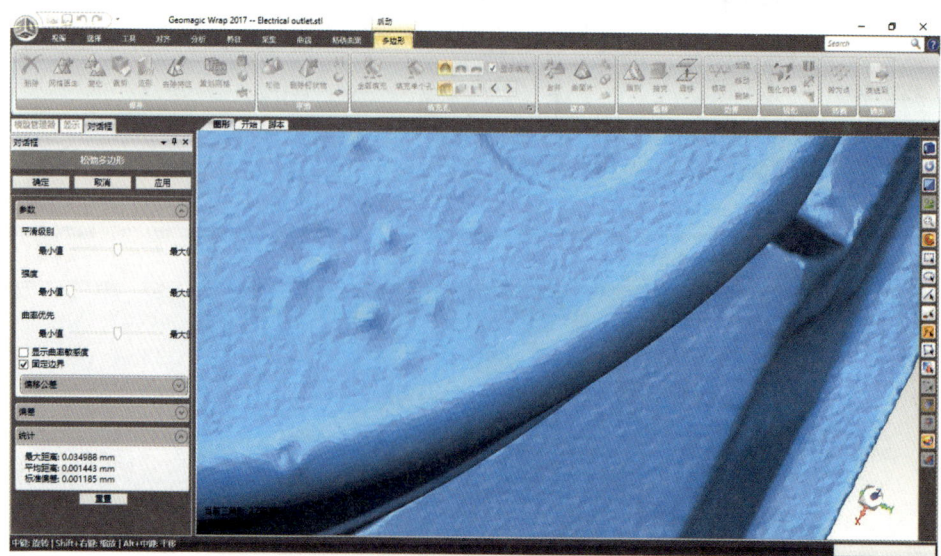

图1-42　Geomagic Wrap "松弛"和"砂纸打磨"处理前后对比

注重过渡区域的精度。本节使用的模型类似于CAD设计的模型，所以选择"机械"选项进行自动曲面化（图1-45）。

在执行"自动曲面化"命令时，软件将进行合并、计算轮廓线、松弛轮廓线、构造曲面片边界、构建格栅、修复相交区域、构造NURBS曲面片等操作（图1-46）。如需单独进行每个操作，可选择在"精确曲面"命令栏的各模块内按需进行。

"自动曲面化"完成后，生成NURBS曲面模型，模型由蓝色变为橄榄绿色（图1-47），可根据

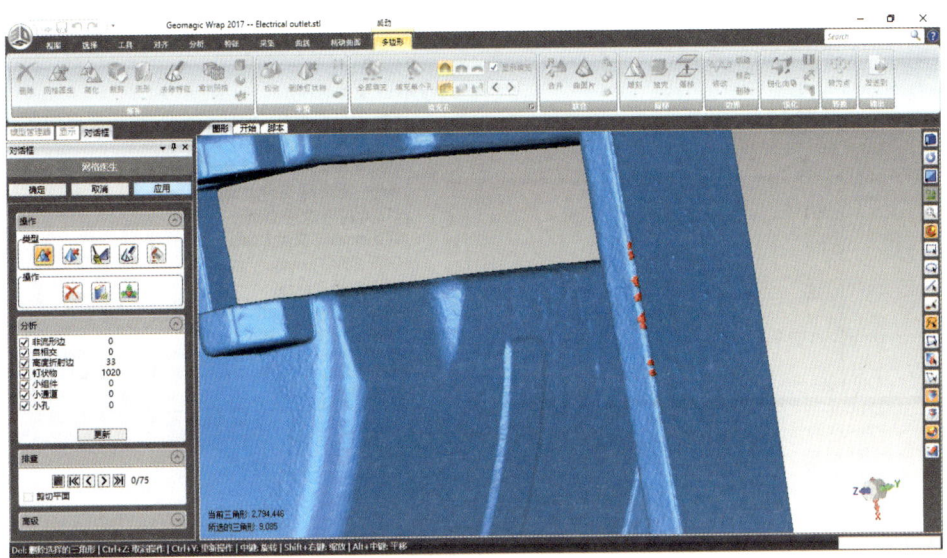

图1-43　Geomagic Wrap"网格医生"命令

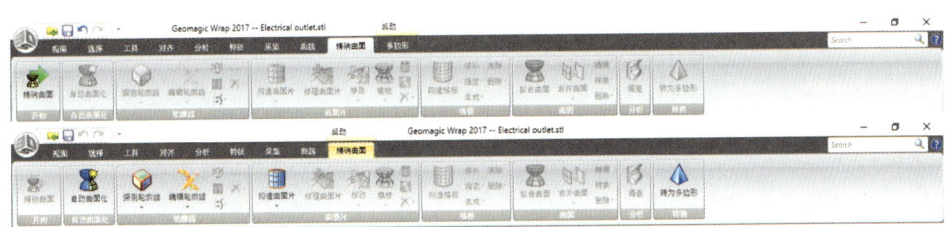

图1-44　Geomagic Wrap"精确曲面"命令栏

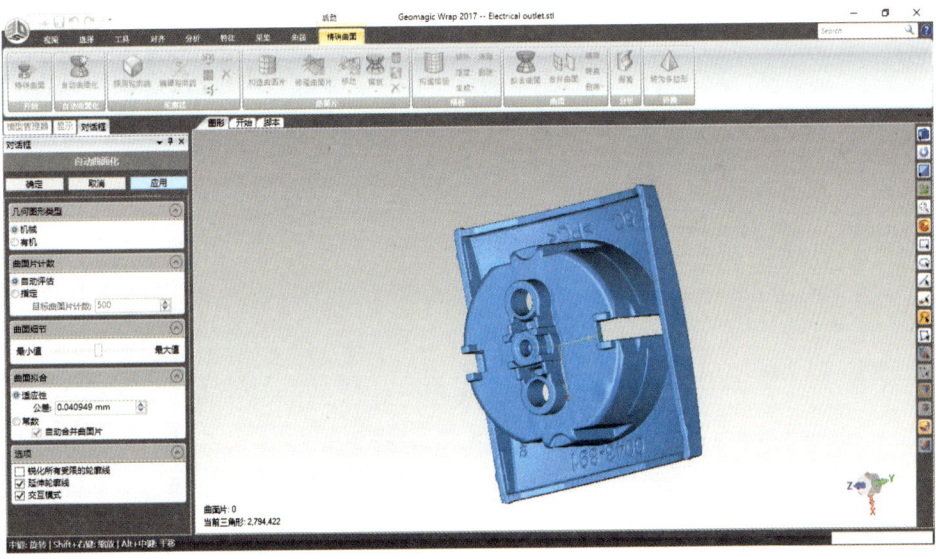

图1-45　Geomagic Wrap"自动曲面化"命令

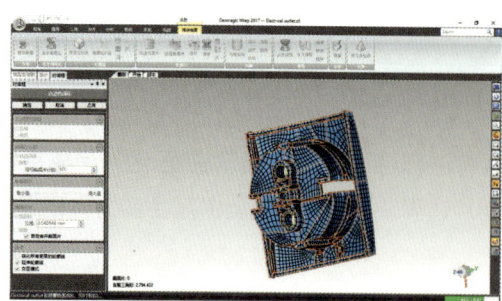

图1-46　Geomagic Wrap 自动曲面化进行过程

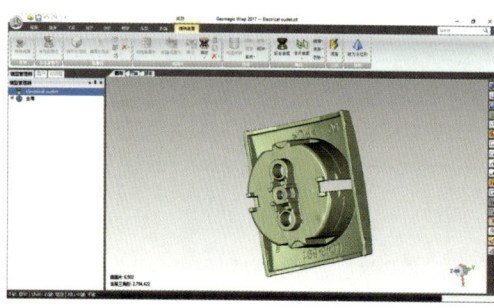

图1-47　Geomagic Wrap生成的NURBS曲面模型

```
封装 文件 (*.wrp)
3D Studio 文件 (*.3ds)
amf(ASCII) 文件 (*.amf)
amf(Compress) 文件 (*.amf)
AutoCad DXF 文件 (*.dxf)
CTL 文件 (*.ctl)
GeomView 文件 (*.oogl)
ICF 文件 (*.icf)
IGES 文件 (*.igs; *.iges)
Keyshot 文件 (*.bip)
Neutral 文件 (*.neu)
Open Inventor 文件 (*.iv)
OpenCTM 文件 (*.ctm)
Parasolid 文件 (*.x_t)
PLY 文件 (*.ply)
PRC 文件 (*.prc)
SAT 文件 (*.sat; *.SAT)
Step - AP203 文件 (*.stp; *.step)
Step - AP214 文件 (*.stp; *.step)
STL(ASCII) 文件 (*.stl)
STL(binary) 文件 (*.stl)
TWS 文件 (*.tws)
VDA 文件 (*.vda)
VRML1 文件 (*.wrl)
VRML2 文件 (*.wrl)
Wavefront 文件 (*.obj)
封装 文件 (*.wrp)
```

图1-48　Geomagic Wrap 支持保存的文件类型

下一步需要进行的操作是选择合适的文件类型进行保存。Geomagic Wrap支持保存的文件类型如图1-48所示。至此，利用Geomagic Wrap对三维扫描图像的曲面化处理完成。

? 思考题

1. 什么是逆向工程？逆向工程与传统正向设计有何区别与联系？
2. 逆向工程的主要工作流程是什么？
3. 逆向工程中数据测量的方法与种类有哪些？
4. 逆向工程的数据处理主要流程是什么？

第二章
增材制造技术

2

课件

过去，企业在新产品进入生产前，往往要制造产品的原型样品，以便尽早对新产品进行验证和改进。传统的产品零件成型方法是采用多种机械加工机床或手工造型等常规方法制作，还要有高水平的技工，时间长达几周或几个月，加工费用昂贵。对于一些复杂形状的零件，即使采用多轴CNC加工仍然存在加工困难。这种模式不仅生产成本高，而且制造周期往往长达几个星期，甚至几个月，已经不能适应新产品的更新要求。

为了克服上述困难，工业设计人成功开发了增材制造技术和相应的增材制造机器。增材制造技术曾在20世纪80年代被提出，但当时由于成本过高、技术不先进等原因，并没有得到有效的推广和普及。随着科学技术的快速发展，金属零件增材制造技术逐渐成为制造业不可或缺的一部分。作为战略性新兴产业，增材制造正在快速改变着传统的生产方式和生活方式。美国、德国等发达国家高度重视增材制造技术并予以积极推广。简单来讲，增材制造是在计算机中将三维CAD模型分成若干层，通过增材制造设备在一个平面上按照三维CAD每层的图形将塑料、金属，甚至生物组织活性细胞等材料烧结或者粘接在一起，然后逐层叠加，通过每一层不同图形的累积，最后形成一个三维实体的过程。

增材制造技术利用激光、紫外线等物理方法向用户提供物理模型和快速修改设计方案，从而显著减少了新产品开发前期的时间和费用。增材制造技术不受零件几何形状的限制，能够制造出常规加工工艺与技术无法实现的复杂几何形状零件的模型。它能帮助设计者快速实现设计方案并寻找出原设计方案的不足或疏漏之处，及时修改使之完善，节省了大量的试模时间。同时，它还能使生产销售与用户之间的距离缩短，这是因为增材制造技术能及时按用户的要求建立产品模型，使设计出的产品更直观、更具有可加工性和更能为客户所接受，从而提升了企业的市场竞争能力。因此，增材制造技术广泛应用于航空航天、汽车、电子、通信、医疗、建筑、家电、玩具、家具、日用五金及工艺品制作等领域。

第一节 增材制造技术简介

分层制造三维实体的想法可追溯到1892年J.E.布兰泽（J.E.Blanthrer）在专利中提出使用分层制造方法制作三维地图模型。1902年，卡罗·贝斯（Carlo Baese）在专利中提出使用光敏聚合物材料制造塑料件；1940年，佩雷拉（Perera）提出在硬纸板上切割出轮廓线，然后粘接成三维地图模型的方法。在随后的几十年间，位于美国和日本的多家研究机构分别独立地提出了使用分层制造产生三维实体的想法，这使其成为增材制造技术的基本概念和原理，为增材制造技术进一步发展奠定了基础。

特别是查尔斯·W.赫尔（Charles W.Hull）在美国UVP公司的支持下完成了用激光照射液态光敏树脂的分层制造三维实体装置SLA-1，该装置于1986年获得了美国专利，这是世界上第一台光固化立体成型装置，也是增材制造技术发展的里程碑。1988年，查尔斯·W.赫尔和UVP公司的股东们一起建立的美国3D Systems公司在此专利的基础上率先推出了第一台立体光固化成型商业成型设备SLA-250，开创了增材制造技术发展的新纪元。增材制造技术发展时间表见表2-1。

表 2-1　增材制造技术发展时间表

增材制造工艺方法	开始发展的时间
光固化立体成型（SLA）	1986—1988 年
分层实体制造（LOM）	1985—1991 年
选择性激光烧结成型（SLS）	1987—1992 年
熔融沉积成型（FDM）	1988—1991 年
三维立体打印（3DP）	1985—1997 年

增材制造（Additive Manufacturing，AM）技术，又称快速原型制造（Rapid Prototyping，RP）或3D打印技术（3D Printing），是基于材料堆积法的一种高新制造技术，被认为是近几十年来制造领域的一项重大成果。它集机械工程、CAD、逆向工程技术、分层制造技术、数控技术、材料科学、激光技术于一身，可以自动、直接、快速、精确地将设计思想转变为具有一定功能的原型或直接制造零件，从而为零件原型制作、新设计思想的校验等提供了一种高效低成本的实现手段。增材制造技术突破了"毛坯—切削加工—成品"的传统的零件加工模式，开创了不用刀具将零件成型的新型薄层叠加的成型方法。其利用三维CAD的数据，通过增材制造机，将一层层的材料堆积成实体原型。增材制造技术的特点如下：

（1）快速性。增材制造技术是并行工程中进行复杂原型或者零件制造的有效手段，能使产品设计和模具生产同步进行，从CAD设计到原型模具制成，一般只需几个小时至几十个小时，速度比传统的成型方法快得多，从而提高企业研发效率，缩短产品设计周期，极大地降低了新产品开发与管理的成本及风险，对于外形尺寸较小、异形的产品尤其适用。

（2）CAD/CAM集成。增材制造技术集成CAD、CAM、激光技术、数控技术、化工、材料工程等多项技术，使得设计制造一体化的概念完美实现。

（3）自由成型制造。自由成型的含义有两个：一是指可以根据零件的形状，无需专用工具的限制而自由成型，可以显著缩短新产品的试制时间，并节省工模具费用；二是指经过增材制造完成的零部件，完全真实地再现三维造型，无论外表面的异形曲面还是内腔的异形孔，都可以不受零件形状复杂程度的限制，能够制作任何形状与结构、不同材料复合的原型或零件，真实准确地完成造型，基本上不再需要借助外部设备进行修复。

（4）高度柔性。仅需改变CAD模型，重新调整和设置参数即可生产出不同形状的零件模型。在计算机控制下，可以根据产品CAD数据或逆向工程所得模型数据直接制造出任意复杂形状的样件，增材制造的工艺与零件的几何形状无关。

（5）成型材料种类繁多。到目前为止，由于成型工艺不同，各类增材制造设备上所使用的材料也各不相同，包括金属、纸、塑料、光敏树脂、工程蜡、陶瓷粉、工程塑料（ABS等）、金属粉、砂，甚至纤维等，满足了绝大多数产品对材料机械性能的需求。

（6）技术的高度集成。增材制造技术实现的技术基础为新材料、机械加工、激光应用技术、精密数控技术以及计算机技术等的高度集成。只有在计算机技术、数控技术、激光器件和功率控制技术高度发展的今天，才可能规模化应用增材制造技术。因此，增材制造技术带有鲜明的时代特征。

（7）创造显著的经济效益。与传统机械加工方式比较，增材制造技术制造原型或零件，无须加工模具，也与零件或成型工艺的复杂程度无关，其原型或零件本身制作过程的成本显著降低。同样，增材制造技术缩短了企业的产品开发周期，使得在新品开发过程中出现反复修改设计方案的情况大大减少，也基本消除了修改模具的问题，创造的经济效益显而易见。

（8）应用行业领域广。增材制造技术经过多年的发展，技术上已基本形成一套体系，可应用的行业也逐渐增多。从产品设计到模具设计与制造，材料工程、医学研究、文化艺术、建筑工程等都逐渐开始使用增材制造技术，使得其应用前景十分广阔。

（9）易与传统方法结合。增材制造技术采用了离散/堆积分层制造工艺和非接触加工方式，能够很好地将CAD/CAM结合起来。可实现快速铸造、快速模具制造、小批量零件生产等，为传统制造方法注入新的活力。

第二节　增材制造技术原理

增材制造技术与传统的去除成型方式（车、铣、刨、磨等）不同，它是基于离散—堆积原理的成型方法，其技术原理如图2-1所示。该方法首先在计算机上运用三维设计软件（如UGNX、Pro/E、CATIA等）、重建软件（如Imageware、Mimics等）设计或重建出产品的三维CAD模型数据，将CAD数据转换成相应文件格式后采用材料精确堆积（由点堆积成面，由面堆积成三维实体）的方法快速制造实体，经过相应的后处理得到所需的原型或产品，是一种全新的成型模式。

增材制造工艺过程主要包括前处理、分层叠加成型、后处理三个环节。

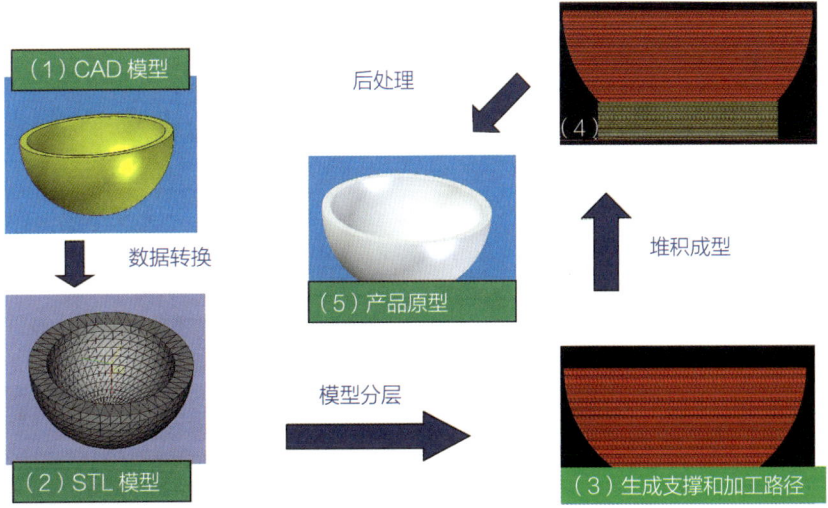

图2-1　增材制造技术原理图[（1）为产品的三维数字CAD模型，（2）为将数字模型转换为STL模型，（3）为生成支撑和加工路径，（4）为增材制造，最后按需求经后处理制作出（5）产品原型样件]

前处理是对设计或重建出的三维曲面或实体模型，进行数据转换、纠错、成型方向选择，以及支撑结构生成等操作，然后选择成型方式，根据成型工艺需求，将其按一定厚度进行分层，把原来的三维数字模型变成二维平面信息（截面形状），再将分层后的二维信息生成相应格式输出。

分层叠加成型是增材制造的核心，主要操作包括模型截面轮廓的制作与截面轮廓的叠合。成型设备在计算机控制下，以平面加工方式，有序地按照导入CAD模型文件连续加工出每一层图形，层层连接成型，最终形成一个与三维CAD模型相对应的三维实体模型。

后处理主要包括样件的剥离、修补、拼接、打磨、抛光和表面喷涂等处理，最终得到达到要求的样件。

第三节　增材制造技术的典型工艺

增材制造技术发展至今，以其技术的高集成性、高柔性、高速性而得到了迅速发展。目前较为成熟典型的增材制造技术包括：光固化成型技术、分层实体制造、熔融沉积制造、选择性激光烧结、3D打印等。这些方法大致可以划分为：以激光为基础的快速成型过程（利用激光技术分离、熔化、固化和粘接材料的增材成型过程）和以微滴为基础的数字喷射成型过程（利用微滴技术对成型材料进行微滴式堆叠成型，或者对黏合剂进行微滴化粘接成型材料的增材成型过程）。下面介绍增材制造技术的典型工艺。

一、光固化成型技术

光固化成型技术（图2-2），是最为成熟的增材制造技术之一。该技术从上游的原材料供应商、设备制造商，到服务提供商，形成了完整的设计、制造、服务体系。目前在全球范围内已经建立了完整的产业链，同时，光固化成型技术已被广泛应用于医学、汽车、日用品、航空航天等领域，极大促进了这些领域的发展，并且提供了大量的就业岗位。北美洲、欧洲、亚洲三大区域在光固化成型技术的应用中占主导地位，其中亚洲地区主要集中于中国和日本。

光固化成型技术中，一般分层厚度在0.05~0.2mm，所以成型的零件精度较高。并且成型中截面的扫描方式和树脂成型性能随科学发展得到较大改进，使该工艺的加工精度普遍可达到0.1mm，最高精度甚至已达到0.02mm。光固化成型工艺能制造形状复杂、特别精细的零件，成型件精度高、表面质量好。其缺点为设备和材料昂贵，制造过程中普遍需要设计支撑，加工环境气味重等。

1. 光固化成型工艺

光固化成型技术的一般工艺流程如图2-3所示。

（1）三维模型的构造。在三维CAD设计软件（如Pro/E、UG、CATIA、SolidWorks、SolidEdge、AutoCAD等）中获得描述该零件的CAD文件，再输出格式为STL的数据模型。

（2）三维模型的面型化处理。光固化成型的进

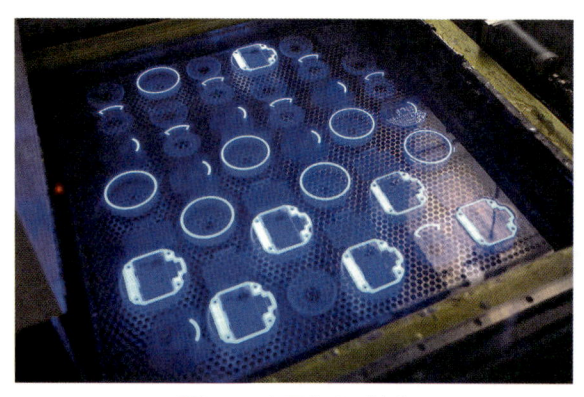

图2-2　光固化成型技术

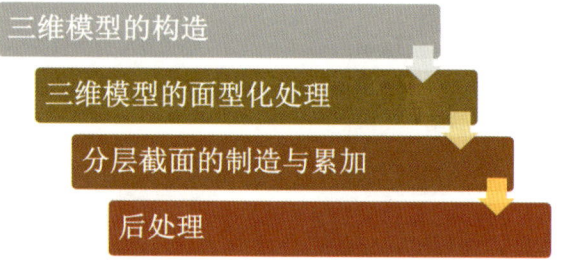

图2-3　光固化成型技术的一般工艺流程图

行基于层堆积概念，在分层制造之前需将CAD模型数据转换成3D打印系统需要的各种数据，获得每一片层的图像信息。在选定了制作（堆积）方向后，通过专用的分层程序将三维实体模型分层（图2-4），也就是对实体进行近似处理，即面型化处理。

（3）分层截面的制造与累加。配套计算机设备和光固化成型打印机根据切片处理的截面轮廓依次分析处理每一层切片的轮廓信息，编译执行一系列后续数控指令，扫描一条条线成面，在计算机控制下，光固化成型机系统中的成型部件（激光扫描头、喷头、切割刀等）在打印平面内将成型材料自动按截面轮廓进行分层制造，得到一层层截面。每层截面成型完成后，下一层材料被送至已成型的层面上，重复步骤进行下一层的成型，并与前一层相粘接，如此循环往复使一层层的截面累加粘接在一起，形成实体三维零件。分层准备、分层固化与层层堆积制造是光固化成型成功的关键。

（4）后处理。是指整个零件成型后对零件进行的辅助处理工艺，包括零件的取出、清洗、去除支撑、磨光、表面涂覆工艺以及后固化等再处理过程，对于不同的工艺方法其后处理工艺也不同。为了满足不同的要求，成型后的零件原型一般需要经过打磨、涂挂或高温烧结等后处理过程。如果成型过程中零件实体内部的树脂没有完全固化（表现为零件较软），则需要将整个零件放置在专门的后固化装置（Post Curing Apparatus，PCA）中进行紫外线照射，以使残留的液态树脂全部固化。这种二次固化的过程通常称为后固化（Post Curing）。并非所有光固化成型工艺都需要后固化过程，需视树脂的性能及工艺而定。

如果对零件表面有特殊需求，有时会在零件表面进行涂覆工艺。表面涂覆工艺是一种典型的后处理工艺，其使用原料的原则如下：

①涂覆原料可采用PU、PE、环氧类、聚氨酯类等类型的高分子材料。根据不同性能要求采用不同的涂覆原料。

②单纯只为提高激光固化成型制作的零件表面质量时，涂覆原料可选用制作零件本身的材料（如光敏树脂），也可以购买使用市场成熟的UV产品（如UV光固化胶水、UV光油、UV面漆等）。

2. 光固化成型技术常用材料

光固化成型技术常用树脂材料，根据其性能，光固化增材制造材料可大体分为以下几类：

（1）通用型树脂。通用型树脂的主要优点是各方面性能适中，应用广泛，适用于对材料无特殊要求的制件，比如手板模型、艺术品等。

（2）铸造树脂。这种树脂主要应用于熔模铸造，它在高温加热燃烧后不会留下灰烬，因此可以广泛用于珠宝首饰和金属零件的铸造（图2-5）。

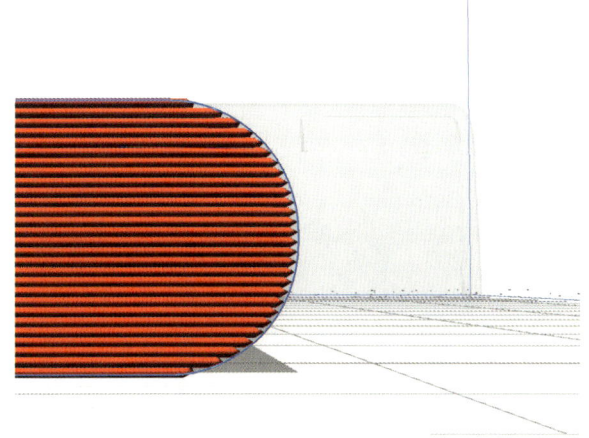

图2-4 切片分层后的CAD模型局部（红色为模型分层切片，蓝色为模型轮廓线。可看出红色分层切片为蓝色模型轮廓线的近似模拟）

图2-5 铸造树脂制作的3D打印件

（3）柔性树脂。柔性树脂是一种与橡胶相似的光固性树脂，其断裂伸长率高，柔韧性好，但通常强度不高，适用于垫片、弹簧等需要较好柔韧性能的制品（图2-6）。

（4）耐高温树脂。耐高温树脂是一种耐高温的高性能、高分子材料。使用此种树脂打印得到的部件通常具有高强度和高硬度，并且可承受高达200℃的温度。因此，它被广泛应用于需要在高温环境中长期使用的制件制作（图2-7）。

（5）陶瓷树脂。通过3D打印成型后，陶瓷树脂模型可以像传统陶坯一样放进窑炉里通过高温燧烧变成瓷器。这样制作的瓷器不仅具有传统煅烧瓷器所特有的表面光泽和光洁度，而且还具有光固化成型所赋予的高分辨率细节。因此，陶瓷树脂非常适合工业元件、艺术和珠宝领域应用（图2-8）。

3. 光固化成型设备类别

按照所用光源的不同，光固化成型可分为紫外激光成型和普通紫外光成型两类，二者的区别是光波长不同。紫外激光可由He-Cd、二极管泵浦Nd：YAG激光器产生，波长为355nm；对于普通紫外线，由低压汞灯产生的光有多种频谱，其中254nm的光谱可以用来固化成型。不同组成的树脂将表现出不同的吸收峰，所以采用的光源

图2-6　柔性树脂制作的3D打印件

图2-7　耐高温树脂制作的3D打印件

图2-8 陶瓷树脂制作的3D打印件

光固化立体成型法

光固化立体成型法（Stereo Lithography Apparatus，SLA）也称光造型、立体光刻及立体印刷，是世界上最早出现并实现商品化、市场占有率最高的增材成型技术之一，图2-10为SLA 3D打印机。美国查尔斯·W.赫尔在UVP公司的资助下，制造了第一个AM系统SLA-1，并获得专利。我国从1991年开始研究光固化增材制造技术，当时称快速原型技术，用于开发样品之前的实物模型。1997年，西安交通大学在卢秉恒院士的带领下开展了光固化增材制造技术的自主研发，研制出国内第一套SLA系统。2000年前后，快速原型技术从实验室研究逐步走向工程化、产品化。近年来，SLA设备及技术服务已推广辐射至汽车、航空航天、生物医疗、通信电子等多个领域。

基于材料累加原理的SLA技术与其他增材成型技术一样，是一层层地离散制造零件。SLA的加工过程为：整个过程以光敏树脂为原料，计算机控制特定强度的紫外激光聚焦照射在光敏树脂的表面，根据各分层截面信息由点到线、由线到面来进行扫描，使被扫描区域的树脂薄层产生光聚合反应而固化，形成零件的一个薄层，一层固化完毕后，工作台下移一个层厚的距离，以使在原先固化好的树脂表面再敷上一层新的液态树脂，然后就可以进行下

波长不同，对树脂的要求也不同。另外，采用这两类光源的光固化的成型机理不尽相同，前者通过激光束扫描树脂液面，以线为单元使其固化；后者利用紫外线照射液态树脂液面，以面为单元使其固化。

激光光固化成型技术主要采用振镜扫描固化成型法来进行。振镜扫描固化成型法是通过两块正交检流计振镜的协调摆动来实现激光束的二维扫描。振镜摆动的频率可以很高，摆动角度范围为±20°，增大扫描的范围可通过增大扫描半径实现。

如图2-9所示为激光固化成型系统的组成。

4. 光固化成型工艺实用技术

目前，光固化成型工艺实用技术主要有立体光固化成型法、数字投影技术。

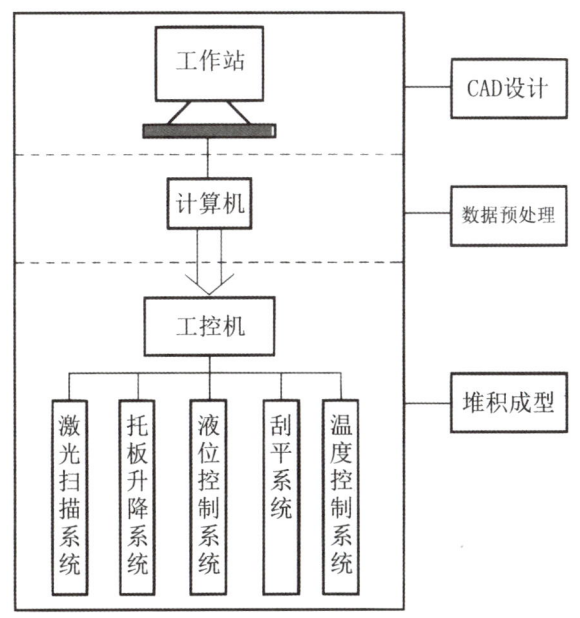

图2-9 激光固化成型系统的组成

图2-10 SLA 3D打印机

一层的扫描加工,如此循环往复直到整个原型制造完毕。其定义最通俗直观的理解就是:一种运用激光照射液体,并让液体快速成型为固态物品的增材制造立体印刷技术。立体光固化成型原理如图2-11所示。

光束的聚焦程度决定了SLA所能达到的最小公差(通常为0.125mm)。倾斜的表面可提升表面质量。立体光固化成型是第一项投入商业应用的快速成型技术。立体光固化成型技术在其不断发展、精进的过程中,呈现了和其他成型技术相比特有的优势:使用CAD数字模型技术,在一定程度上能降低错误修复的成本;立体光固化成型技术是最早出现的快速成型制造工艺,相比其他快速成型工艺较为成熟,成型件精度高(一般尺寸精度控制在±0.1mm)、表面质量好;几乎无原材料浪费,原材料的利用率接近100%;能制造形状特别复杂、精细的零件(图2-12)。

但SLA技术也存在缺点:需要在专用的实验室环境里制作,成型件需要后处理;样件长期保存时,尺寸稳定性差;SLA打印机价格较昂贵,制作成本相对较高;可选择的材料种类有限,必须是光敏树脂;需要设计成型样件的支撑结构,以确保在成型过程中制作的每一个结构部位都能可靠定位;支撑结构需在样件未完全固化时手工去除,容易破坏成型件。

目前,SLA技术在专业领域应用比较广泛。桌面级成型机采用了约束液面型的方式,省去了刮槽机构,其外形小巧、简约,结构简单,操作简单,便于入门,重量轻,

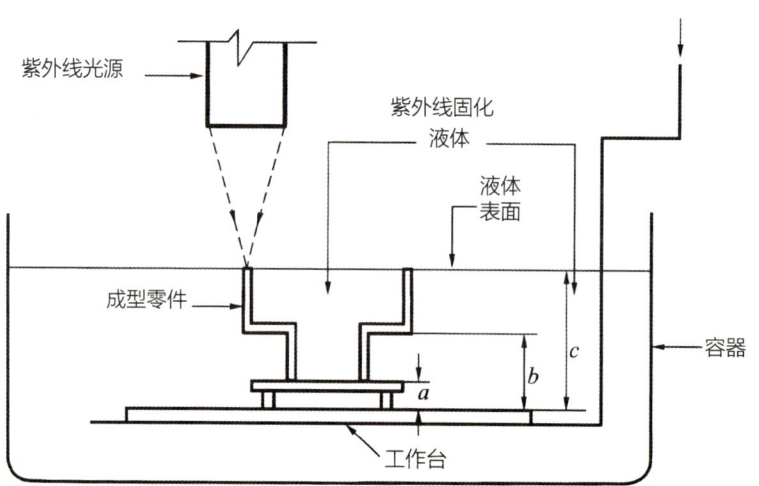

图2-11 立体光固化成型原理

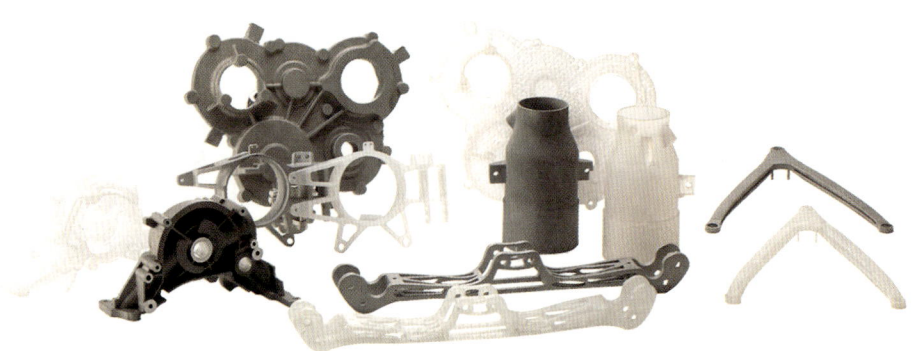

图2-12 SLA打印的零件

成本低廉,具备打印速度快和精度高的特点,并且性价比很高,无噪声,不会对环境产生任何干扰。

数字投影技术

数字投影技术(Digital Light Processing,DLP),也称面曝光快速成型技术,是基于数字投影技术的面曝光快速成型3D打印技术,面曝光快速成型系统原理如图2-13所示。数字投影技术的主要工作原理如下:首先运用各种技术形成需要固化的分层数据图形,然后采用紫外光源,按照分层数据图形在树脂液面上成像,一次曝光即可固化一整个层面的实体;固化过程中,采取各种工艺措施控制层面实体的变形,逐层累加形成整个打印实体。数字投影技术实现了单个层面的一次曝光固化成型,相对于采用逐点扫描方式的传统快速成型技术,将成型时间缩短了50%~70%,极大地提高了成型效率。同时,数字投影技术不需要实现精确扫描定位的XY运动控制系统,使设备结构和工艺过程都得以简化。这不仅降低了硬件成本,而且成型件具有高精度及高稳定性的特点。

DLP的优点如下:成型物体表面光滑;成型精度高、质量好;成型速度更快。

其他光固化成型技术

在光固化成型技术中,除了发展已较为成熟的立体光固化成型技术和数字投影技术外,微滴喷射和连续液体界面制造技术近年来也得到快速发展。

微滴喷射(ink jet)成型,可同时打印多种光敏树脂。该技术通过双喷头打印光敏树脂,同时使用水溶性或热熔性支撑材料。这种方法使打印完成后除去支撑变得十分容易,且不会损坏打印件的精细结构。微滴喷射成型具体工作过程为:将光敏树脂装在容器中,通过打印喷头按照既定的切片图形将光敏树脂喷射到指定的升降台上面,光束随着喷头喷射的运动轨迹而运动,固化喷射到升降台上的光敏树脂,当完成一层树脂固化后,升降台按照程序设定的距离下降一定高度,然后喷头再按照程序输出轨迹继续喷射,光束继续对树脂进行固化,重复此过程逐层堆积,直到获得所需制件,最后对打印件进行必要的后处理。微滴喷射原理如图2-14所示。

连续液体界面制造技术是由北卡罗来纳大学的科研人员研发出来的一种新工艺,又称CLIP。CLIP技术的成型过程与微滴喷射成型不同,它在树脂槽下部安装了一个光投影设备,该光投影设备会连续不断地用紫外线从下方无形地切割物体,而在树脂槽的底部有一个特殊的窗口,该窗口可以给予氧气,氧气可以抑制树脂槽底部一层光敏树脂的固化,因而成为固化盲区。这样就可以使打印的制品慢慢地往上提升而不会凝固在树脂槽底部,如此反复而成型制品。这种方法解决了氧气对光固化的阻聚问题,省去了刮平工序,使成型速度得到极大提升,并且成型件表面更加光滑,性能更加优异。相对目前的光固化成型技术,连续液体界面制造技术把打印的速度提升了20~100倍。如图2-15所示为连续液体界面制造技术工作原理。

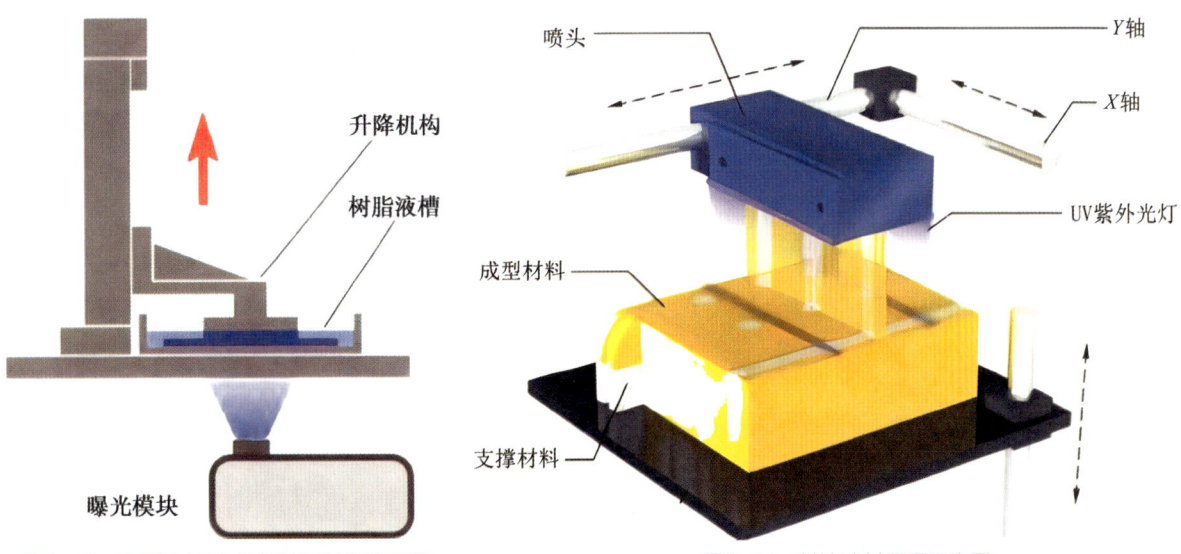

图2-13 面曝光快速成型系统原理示意图　　　　图2-14 微滴喷射原理示意图

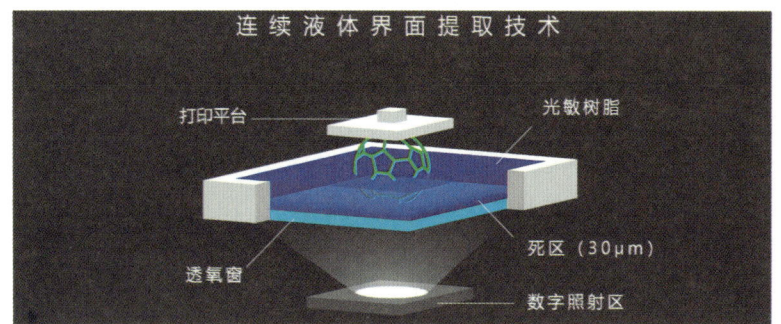

图2-15 连续液体界面制造技术工作原理图

二、分层实体制造法

分层实体制造法（Laminated Object Manufacturing，LOM）也称叠层实体制造法，其工艺原理是根据零件的分层几何信息切割箔材和纸等，将所获得的层片粘接成三维实体。1984年，美国工程师迈克尔·费根（Michael Feygin）等提出了薄材叠层LOM的制造方法，在1992年制造了第一套LOM成型系统，随后LOM在制造领域得到迅速发展。叠层实体制造以纸为原材料，成本低，精度高。该技术在产品概念设计、造型可视化、三维重建等方面应用广泛。

1. 分层实体制造法成型工艺

LOM工艺是按照CAD分层模型直接从片材到三维零件，使用的材料是可粘接的带状薄层材料（涂覆纸、PVC卷状薄膜等），采用的切割工具是激光束或刻刀等。LOM的基本原理是根据CAD模型各层切片的平均几何信息驱动切割工具，切割工具按照零件各层截面轮廓线形状逐层切割材料，当一层切割完成后，工作台与已成型的工件一起下降一层高度，在已形成的基体上，送进新的一层材料到加工区域，用滚子碾压并加热，以固化黏结剂，使新铺上的一层材料牢固地粘在已成型体上，再按新一层的截面轮廓信息进行切割，新的薄层材料牢固地粘在前一层薄层材料上，如此反复，直至逐层堆积形成一个三维实体模型。非零件实体部分按照要求切割成网格，保留在原处，起支撑和固定作用，样件加工完毕后，将其剥离，进行打磨、抛光、喷涂、机加工等后处理。如图2-16所示为LOM工艺制作的原型件，图2-17是LOM成型原理示意图。

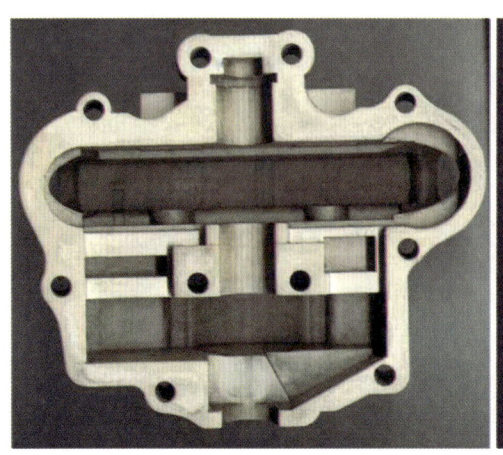 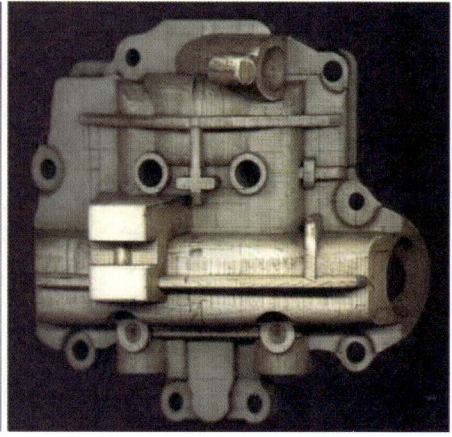

图2-16 LOM工艺制作的原型件

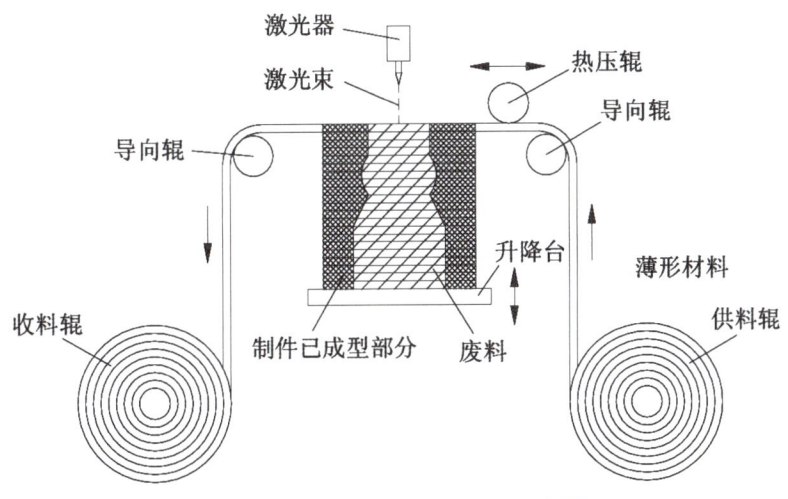

图2-17 LOM成型原理示意图

LOM工艺按照分层信息提供的截面轮廓线逐层切割，直接从片材到三维零件，无需对每个截面进行逐点扫描，因此成型速度快、效率高，如图2-18所示为LOM增材制造机。成型过程中，成型材料自动形成支撑，成型前后的成型基体材料无相态变化，残余应力小，样件无明显变形，适合加工尺寸比较大的零件。但未经处理的LOM样件侧表面有明显的台阶效应，需要进行打磨、抛光、喷漆等后处理。LOM技术的主要特点如下：

（1）LOM粘接材料为片材，所用材料存放时需防潮，成型后必须立即进行防潮漆涂覆等后处理手段。

（2）LOM工艺只需在片材上切割出零件截面的轮廓，而无需扫描整个截面。轮廓的切割精度决定了样件水平面上的尺寸精度。

（3）成型过程中，非零件实体部分的材料具有支撑作用，因此LOM工艺中无须额外添加支撑。

（4）适合加工尺寸比较大的实心零件，难以构建形状精细、多曲面的零件。

（5）材料浪费较多，有激光损耗，并需要专门的实验室环境，维护费用高昂。

2. LOM工艺常用材料

LOM材料主要有PVC塑料片材、纸片材、木片材、金属片材、陶瓷片材以及复合片材，如图2-19所示为木片材LOM制作的零件模型。用于LOM成型工艺的材料须具有一定的柔性，便于可靠地送入。成型材料的厚薄须均匀，以保证样件高度方向的精度。成型材料须具备一定的黏结性能、强度、刚度、可剥离性和防潮性能等。

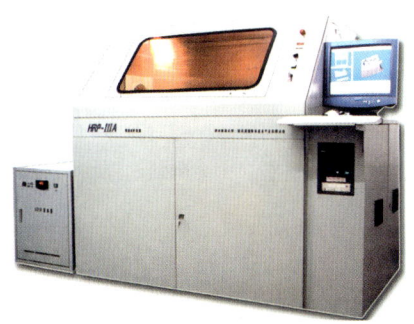

图2-18 LOM增材制造机

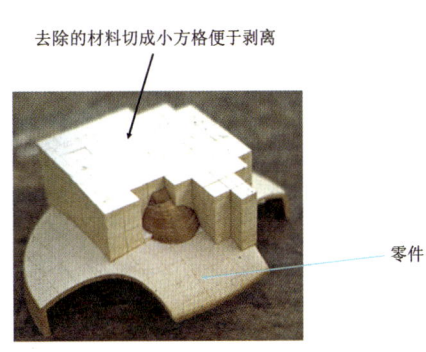

图2-19 木片材LOM制作的零件模型

三、选区激光烧结法

激光选区烧结（Selective Laser Sintering，SLS）技术借助计算机辅助设计与制造，利用激光有选择地逐层烧结粉末，采用分层制造叠加原理，逐层叠加形成预定形状的三维实体零件。SLS技术属于增材成型技术中的一种，由美国得克萨斯大学的卡尔·德卡德（Carl Decard）于1986年发明。得克萨斯大学于1988年研制成功第一台SLS样机，并获得这一技术的发明专利，于1992年授权美国DTM公司（现已并入3DSystems公司）将SLS系统商业化。

选区激光烧结法常采用金属、陶瓷、ABS塑料等材料的粉末作为成型材料。整个工艺装置由粉末缸和成型缸组成，首先设定预热温度、激光功率、扫描速度、扫描路径、单层厚度等工艺条件，工作时，粉末缸送粉活塞上升一个铺粉厚度，在工作台上均匀地铺上一层很薄（100~200μm）的粉末，在计算机控制下采用CO_2激光器发射的激光束有选择地进行烧结（零件的空心部分不烧结，仍为粉末材料），被烧结部分便固化在一起，构成零件的实心部分，未被烧结的粉末保持松散状态，作为成型件和下一层粉末的支撑。一层完成后再进行下一层，新一层与其上一层被牢牢地烧结在一起。全部烧结完成后，去除多余的粉末，经渗树脂、打磨、抛光、喷涂等后处理，便得到烧结成的零件。如图2-20所示为SLS成型零件。

1. SLS工艺过程

SLS工艺过程主要包括三个步骤：前处理、粉层烧结成型、后处理。

（1）前处理。主要是将满足用户精度要求的制备样件的STL文件导入SLS打印系统。

（2）粉层烧结成型。

① 开机前准备：将粉末材料注满粉缸，以避免在加工过程中出现断料的情况。

② 机器预热：将系统预热1~2h，使系统成型室中的温度达到稳定状态。

③ 工艺参数设置：预热是SLS工艺的一个重要环节。在机器预热过程中，根据材料的特性和加工条件调整各项工艺参数。一般设定的工作温度使工作台面粉末温度稍低于材料的软化温度或熔融温度。预热温度均匀，可减小烧结成型时工件内部的热应力，减小翘曲、变形和开裂，提高成型精度。需调整的工艺参数主要包括激光功率、扫描速度、扫描间距以及单层厚度等。

（3）后处理。成型完成后，样件随系统自然冷却，从工作台上将样件从粉末材料中取出，去除未烧结的粉末（图2-21），然后根据要求进行增强处理，再对表面进行打磨、抛光、喷漆或镀铬等处理，得到所需的样件。

2. SLS装备系统组成

激光选区烧结（SLS）系统由三部分组成：计算机控制系统、主机系统、冷却系统，如图2-22所示。

（1）计算机控制系统。计算机控制系统由计算机、各种控制模块、电动机驱动单元和各种传感器和软件系统构成。软件系统用于三维图形数据处理、加工过程的实时控制及模拟。

（2）主机系统。主机系统由六个基本单元组成：工作缸、送粉缸、铺粉系统、振镜式激光扫描系统、温度控制系统、机身与机壳，如图2-23、图2-24所示。

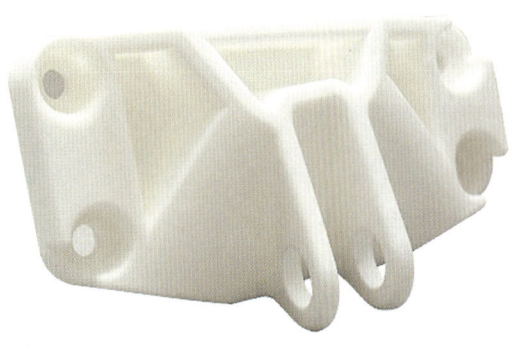

图2-20　SLS成型零件

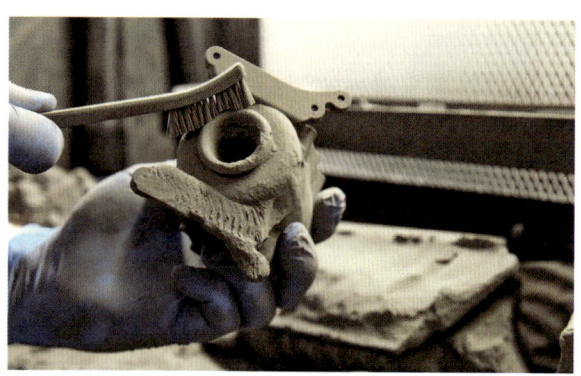

图2-21　SLS工艺后处理——去除未烧结的粉末

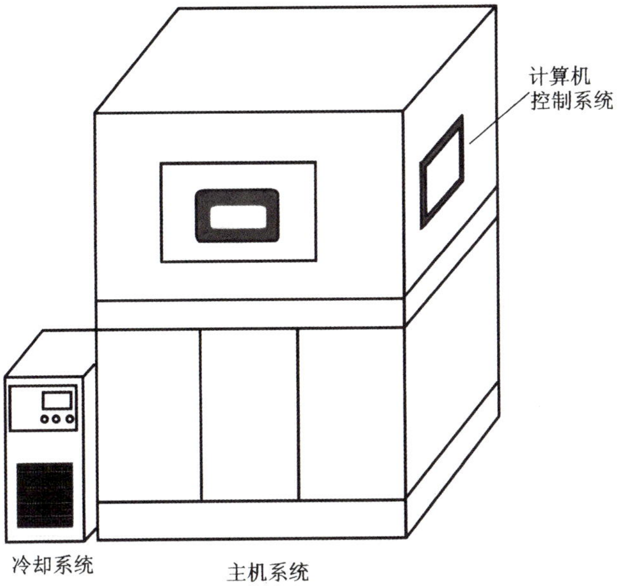

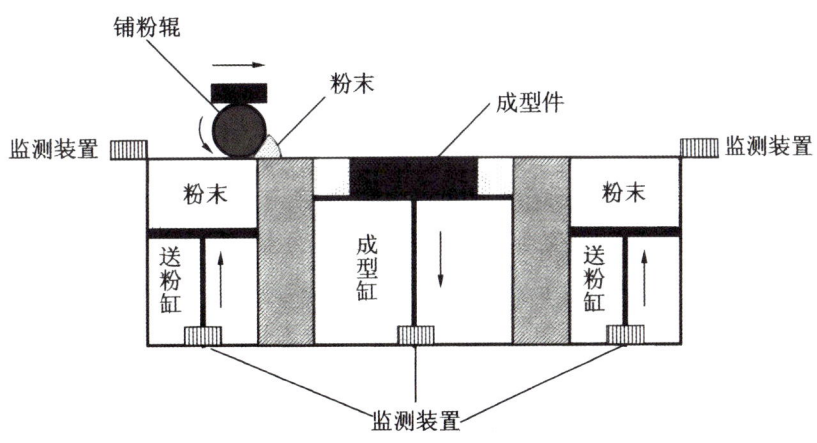

图2-22 激光选区烧结（SLS）系统 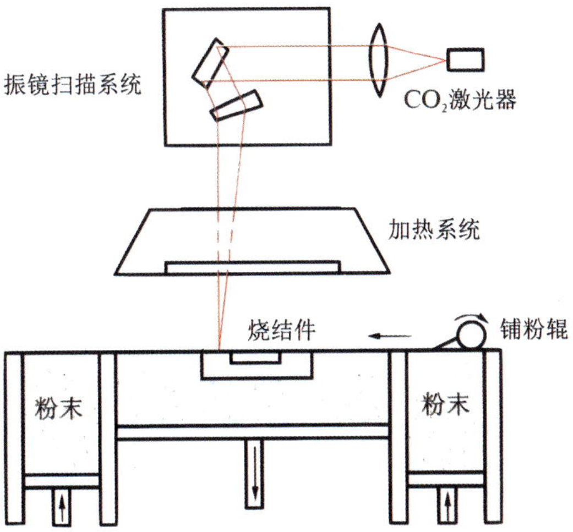　　图2-23 SLS系统的基本结构和工作原理（CO_2激光器）

图2-24 SLS系统的扫描系统示意图

（3）冷却系统。冷却系统由可调恒温水冷却器及外管路组成，用于冷却激光器和振镜扫描系统，提高激光能量稳定性，保护激光器，延长激光器寿命以及保证振镜扫描系统稳定运行。

3. SLS工艺的特点

作为增材成型领域中的一种重要工艺，SLS工艺的原材料选择范围广泛，涵盖了高分子及其复合材料（如尼龙、尼龙/玻璃微珠等）、各种金属-陶瓷基复合粉末（含有低熔点黏结剂）以及覆膜砂（含有酚醛树脂）等。如图2-25所示为SLS增材制造机。并且在成型过程中，未烧结的粉末可对空腔和悬臂结构起支撑作用，因此SLS工艺不必生成支撑结构。在SLS成型过程中，由于未烧结的粉末除起支撑作用外，还可重复使用，所以具有较高的材料利用率。由于成型材料的多样化，根据使用的要求，可以选用不同的成型材料制作不同用途的样件，所以SLS工艺不仅可以制备各种模型和具有实际用途的塑料功能件，还可以通过与铸造技术相结合迅速获得金属零件，而且可以用间接法制造结构复杂的陶瓷零件。最后，由于SLS工艺不需要制造支撑，使用该工艺的成型时间也显著减少。

但是SLS工艺仍存在不足。例如工艺过程有激光损耗，并需要专门的实验室环境，使用及维护费用高昂；需要预热和冷却，后处理麻烦；成型表面粗糙多孔，并且受粉末颗粒大小及激光光斑的限制；需要对加工室不断充氮气以确保烧结过程的安全性，加工成本高；成型过程中会产生毒气和粉尘，污染环境等。

四、选择性激光熔融技术

作为整个3D打印系统中最先进、最具潜力的技术，金属零件的3D打印技术是先进制造技术的一个重要发展方向。随着科学技术的发展和推广应用需求的不断增加，3D打印直接制造金属功能零件已经成为3D打印技术的主要发展方向。

选择性激光熔融技术（Selective Laser Melting，SLM）是金属增材制造领域的重要工艺，其发展经历了低熔点非金属粉末烧结、低熔点包覆高熔点粉末烧结、高熔点粉末直接熔化成型等阶段。选择性激光熔融增材制造技术是利用高能量的激光束，按照预定的扫描路径，扫描预先铺覆好的金属粉末，将其完全熔化，再经冷却、凝固后成型的一种技术，图2-26为SLM成型零件。选择性激光熔融增材制造技术具有以下几个特点：

（1）成型件的力学性能良好，一般拉伸性能可超过铸件水平，与锻件水平相当。

（2）成型原料一般为单一组分金属粉末，包括不锈钢、钛合金、钴铬合金、镍基高温合金、高强铝合金以及贵重金属等。

（2）成型的零件精度较高，采用细微聚焦光斑的激光束成型金属零件，表面经打磨、喷砂等简单后处理即可达到使用精度要求。

（4）进给速度较慢，导致成型效率较低；零件尺寸会受到铺粉工作箱的限制，不适合制造大型的整体零件。

选择性激光熔融增材制造技术的基本原理是：先在计算机造型软件上设计出三维实体模型，然后通过切片软件对该三维模型进行切片分层，得到各截面的轮廓数据，由轮廓数据生成填充扫描路径，SLM设备按照这些填充扫描线，控制激光束选择性地熔化各层的原料，逐步层层堆叠成三维金属零件。如图2-27所示为选择性激光熔融成型原理图。

作为金属零件增材制造技术的重要组成部分，激光束快速熔化金属粉末并获得连续的熔道，可以直接获得几乎任意形状、高精度的近乎致密的金属零件，选择性激光熔融成型可以进行金属零件直接制造，几乎不需要后处理。因此，选择性激光熔融成型是极具发展前景的金属零件增材制造技术，已在航空航天、微电子、医疗、珠宝首饰等行业得到广泛应用。

1. 选择性激光熔融工艺过程

SLM工艺过程主要包括：前期数据处理、选择性激光熔融成型加工、后处理。

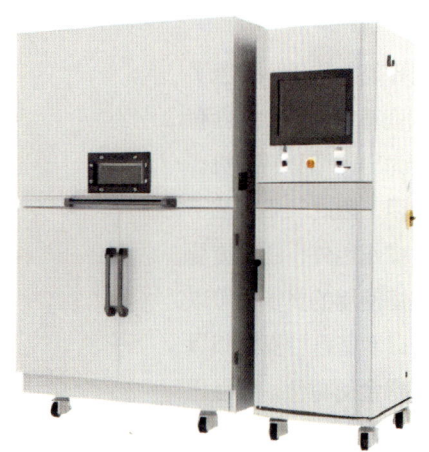

图2-25 SLS增材制造机

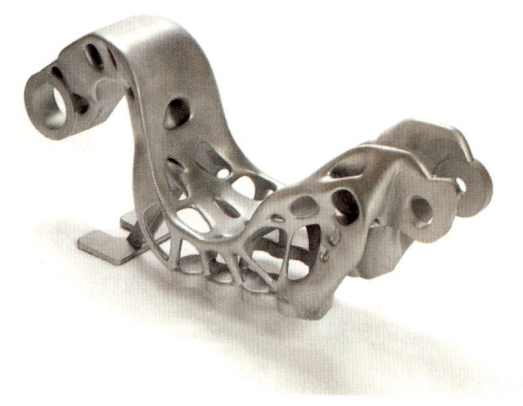

图2-26 SLM成型零件

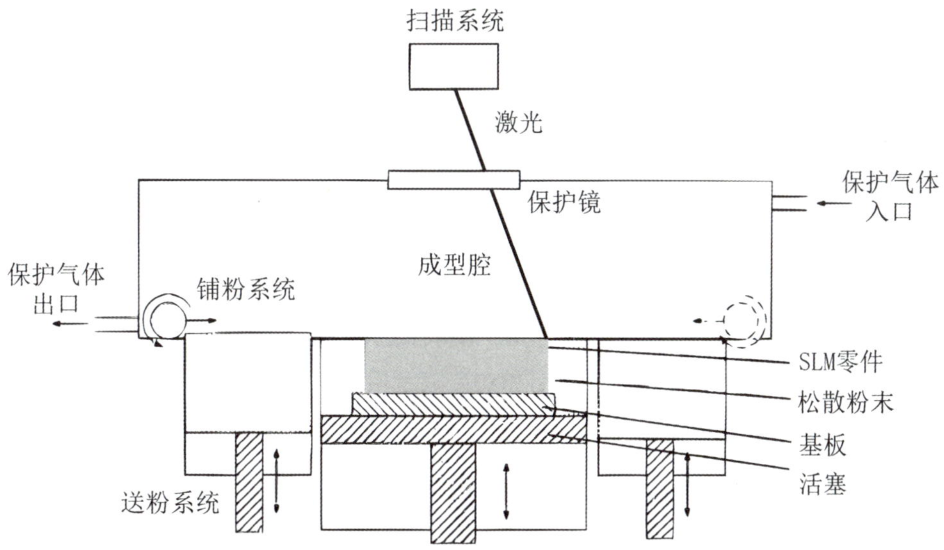

图2-27 选择性激光熔融成型原理图

前期数据处理

①三维模型设计。通过正向设计或逆向工程对产品进行三维建模。

②模型近似处理。使用软件用一系列的三角面片来逼近产品三维模型外形，对模型进行近似处理。近似处理后，模型文件格式转变成STL格式。

③添加支撑。添加支撑是为了固定已成型的零件部分，防止发生翘曲变形。一般在零件的最底端添加支撑，目的是易于将零件从基板上取下来。支撑的类型有点支撑、线支撑、网格支撑、轮廓支撑等，添加支撑时需要考虑到支撑结构应易于去除。

④分层处理。对模型进行分层处理，以获得每一层的截面信息，具体分层厚度应综合考虑成型精度和效率。减小分层厚度，能提高精度，但会降低效率。增大分层厚度，成型速度加快，但精度降低。

⑤路径规划。分层处理后，需要对每一层轮廓进行扫描路径规划。研究人员开发出主要的扫描方式有"Z"形扫描、轮廓偏移扫描、正交扫描、层间错开扫描等。应根据零件的性能和要求选取合适的扫描方式，设置合适的扫描间距。

选择性激光熔融成型加工

将进行数据处理后的文件导入选择性激光熔融设备中，设置合适的加工参数，通过软件成型设备加工出实体零件。在正式开始加工前，需要安装基板，调节基板高度，关闭成型室后抽真空，然后通入保护气体直至成型室内氧含量降至0.2%质量分数以下，打开气体循环系统、激光器和扫描振镜开关，即可开始进行成型工艺。

后处理

由于SLM制造的实体零件是在基板上成型，而且在前期数据处理时添加了支撑，因此零件完成成型后需要从基板上取下来，并将支撑去除。采用SLM打印技术加工出的零件可能在精度、表面粗糙度、力学性能等方面还达不到直接使用要求，此时就需要对零件进行后续打磨、抛光、机械精加工、表面涂覆、热处理等，以提高零件的使用性能。

指在成型过程中，由于上下两层金属粉末未能完全熔合，在表面张力的作用下，熔融的金属迅速卷曲成球状的现象。为防止球化缺陷的出现，应适当增加输入能量，以确保上下两层金属完全熔合。翘曲是指在SLM成型过程中，由于热应力在成型材料中累积并超过材料本身的强度，导致材料发生塑性变形的现象。

3. 选择性激光熔融成型材料

增材制造金属粉末是金属零件增材制造的最重要原材料，也是增材制造产业的最大价值。在2013年世界3D打印技术产业大会上，全球增材制造行业权威专家对增材制造金属粉末给出了明确的定义。增材制造用金属粉末是尺寸小于1mm的金属粒子群，包括纯金属粉末、合金粉末及具有金属性质的一部分难熔化的合物粉末。目前，增材制造金属粉末材料包括粉末状钛合金、不锈钢、工具钢、铝合金、钴铬合金等。增材制造金属粉末除了具有良好的可塑性外，还必须满足粉末纯度高、球形度高、流动性好、松密度高、粉末粒径细、粒径分布范围窄等要求。在2014年6月公布的ASTMF 3049-14标准中，规定了增材制造用金属粉末的性能研究的范围和特征方法。总的来说，增材制造用金属粉末的粉末特性在粉末纯度、颗粒形状、粒度及其分

图2-28 SLM成型

2. 选择性激光熔融工艺影响因素及缺陷成因

选择性激光熔融工艺是一种工艺复杂的加工制造技术，涉及许多工艺参数，影响因素众多。对成型质量具有重要影响的有六大类，分别为材料属性、激光与光路系统、扫描特征、成型氛围、几何特征和设备因素。工艺参数对SLM的加工过程、产品形态和性能等均有不同程度的影响，并且参数之间也相互影响。如需获得成型良好、性能优良的成型件，则必须控制好粉末粒径、扫描速度、激光功率、扫描策略等关键工艺参数。如果该类参数选择错误，那么在SLM加工过程中将出现球化、孔隙、残余应力应变等典型问题，影响成型件的显微组织，进而影响成型件的性能。

SLM成型件（图2-28）中存在的主要缺陷是球化间隙（图2-29）和翘曲变形（图2-30）。球化是

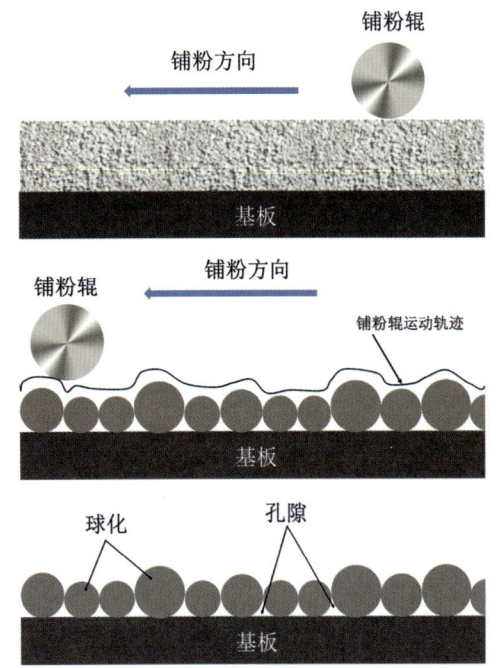

图2-29 烧结前铺粉（上）、球化（中）、孔隙（下）现象产生原理示意图

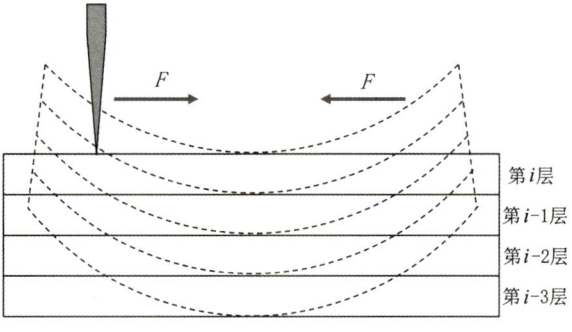

图2-30 翘曲变形示意图

图2-31 用于SLM成型的金属粉末

布、回收利用等几个方面都有基本的要求，图2-31为用于SLM成型的金属粉末。

4. 选择性激光熔融增材制造技术的后处理

由于SLM成型件的表面通常较粗糙，为了达到实际使用需求，一般在制造后需要对成型件进行后处理。SLM成型件的后处理工艺包括机械方法（切削、研磨、喷砂等）以及化学方法（电解抛光等）。

（1）机械方法。在利用SLM方法加工完金属零件后，若表面粗糙度还无法满足要求，可以采用手工打磨、热等静压、喷砂和电解抛光等后处理方法来提高成型件的表面质量。

机械后处理能显著改善SLM成型件的表面粗糙度，使成型件可达到实际应用要求。磨削加工和铣削加工对提高成型件表面质量具有相似的效果。也可采用喷砂工艺对成型件进行后处理来去除零件表面的氧化层和黏附的未熔化的粉末。

除了传统的切削、研磨方法外，对于一些不锈钢成型件，也可采用等离子喷涂工艺在其表面喷涂陶瓷涂层。该工艺可改善成型件表面性能，通过SLM与等离子喷涂工艺生产出具有特殊表面性能的零件，可以满足某些特殊应用场合的要求。需要注意，等离子喷涂的陶瓷材料与不锈钢基体在垂直面上的粘接强度较高，而在水平面上则较弱。

（2）化学方法。机械方法虽然能显著改善SLM成型件外表面粗糙度，但无法处理一些难以接触到的内表面和间隙表面等。对于这种情况，需要采用电解抛光等化学方法进行处理。

电解抛光原理如图2-32所示，抛光时工件处于阳极位置，阴极通常采用铅板，通电后，电解液溶解阳极工件表面的凸起，形成一层黏液层，填充工件表面凹陷处，使工件表面光滑平整。电解抛光的优点是抛光质量好，生产效率高，设备投资低，电解液可以连续使用，而且加工成本比机械抛光低。

五、熔融沉积制造法

1988年，斯科特·克伦普（Scott Crump）提出了熔融成型（Fused Deposition Modeling，FDM）（图2-33）的概念，并在1992年研发了第一台贸易机型3D Modeler。熔融沉积制造法又称熔丝沉积制造法，其工艺过程是以热塑性成型材料丝（丝材直径一般在1.5mm以上）为材料，材料丝通过加热器的挤压头熔化成液体，然后用由计算机控制的喷头沿零件每一截面的轮廓准确挤出热塑材料（如聚酯塑料、ABS塑料等），使熔化的热塑材料丝通过喷嘴挤出，覆盖于已建造的零件之上，并在极短的时间内迅速凝固，形成一层材料（每层厚度范围在0.025～0.762mm）之后，挤压头沿轴向向上运动一微小距离进行下一层材料的建造。这样逐层由底到顶堆积成一个实体模型或零件。该工艺的特点是使用、维护简单，成本较低，速度快，一般复杂程度原型仅需要几个小时即可成型，且无污染。

由FDM制作生成的原型可以广泛应用于工业生产的各个领域，如概念成型、原型开发、精铸蜡模和喷镀制模等。

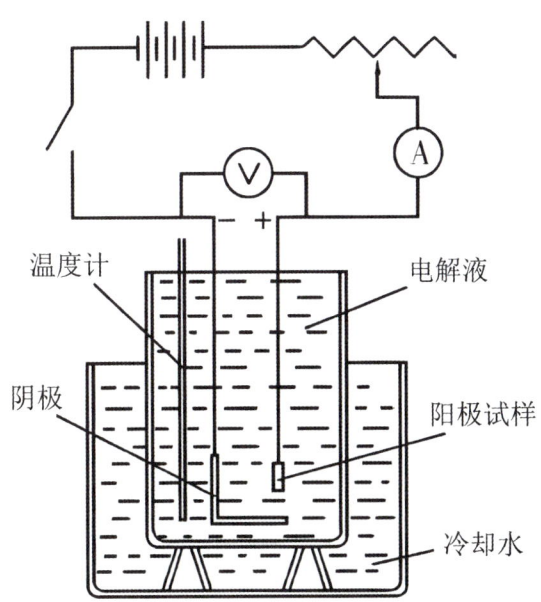

图2-32 电解抛光原理图

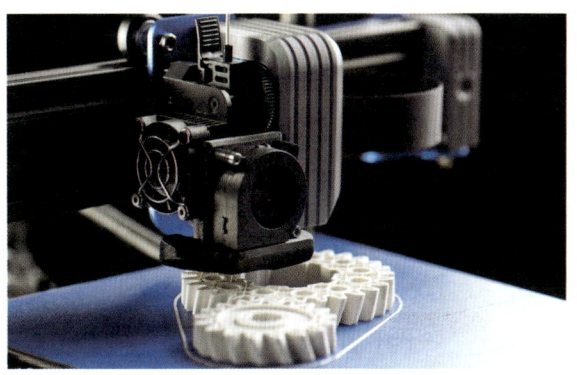

图2-33 FDM成型

1. 熔融沉积成型基本原理

FDM成型技术是对丝状材料进行熔融后由喷头逐层喷涂堆积成型的一种增材制造方法，这种工艺不用激光、刻刀，而是使用喷头。FDM系统主要包括喷头、送丝机构、运动机构、加热工作室、工作台5个部分。喷头是最复杂的部分，材料在喷头中被加热熔化，喷头底部有一喷嘴，供熔融的材料以一定的压力挤出，喷头沿零件截面轮廓和填充轨迹运动时挤出材料，与前一层粘接并在空气中迅速固化，如此反复进行即可得到实体零件。在后处理中，先去除三维实体模型的支撑结构，然后进行机加工、打磨、抛光、喷涂等后处理，其成型原理如图2-34所示。

2. FDM常用材料

（1）FDM成型材料。FDM成型材料具有良好的成丝性、黏合性和强度，同时具有较小的熔体收缩性能（图2-35）。常用的成型材料有ABS塑料和PLA材料。

（2）FDM支撑材料。FDM支撑材料强度不能太高，且应与本体成型材料易于分离，具有成型后易去除的特点。FDM支撑材料有水溶性和剥离性两种。水溶性支撑材料可以通过碱性溶液水洗去除，存放时需注意防潮；剥离性材料可以直接剥离去除。

3. FDM工艺的特点

FDM工艺中使用的材料无气味、无污染、安全、成型设备体积小（图2-36）、易维护、易操作，制造系统可以在正常办公环境中使用，成型过程中没有毒气或化学物质的污染，较为环保；样件一次成型，易于操作且不产生垃圾；独有的水溶性支撑技术，使得去除支撑结构容易、迅速，能有效解决复杂、小型孔洞中的支撑材料去除问题，可快速构建瓶状或中空零件以及一次成型的装配结构件；原材料以材料卷的形式提供，易于搬运和快速更换；可选用多种材料，如各种色彩的工程塑料ABS、PC、PPSF以及医用ABS等。

但是，FDM增材制造技术工艺成型精度相对先进的SLA工艺较低；成型表面光洁度不如先进的SLA工艺；成型速度相对较慢。

六、三维打印成型法

三维打印成型法（3 Dimensional Printing and Gluing，3DP）是由麻省理工学院发明并申请专利的，由ZCOAM公司进行商业化。3DP工艺与SLS工艺类似，采用粉末材料成型，所不同的是材料粉末不是通过烧结连接起来的，而是通过喷头用黏结剂将零件的截面"印刷"在材料粉末上面。用黏结

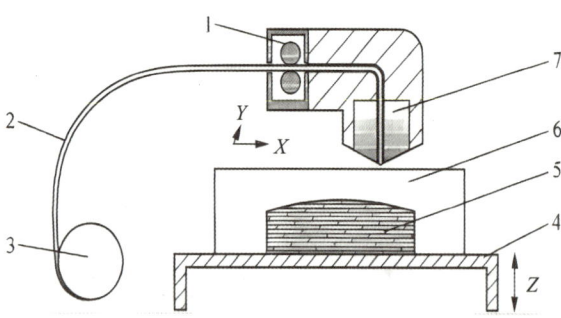

图2-34　FDM成型原理示意图

1. 供丝机构；2. 丝材；3. 丝筒；4. 工作台；5. 支撑件；6. 工件；7. 加热喷头

图2-35　FDM成型材料

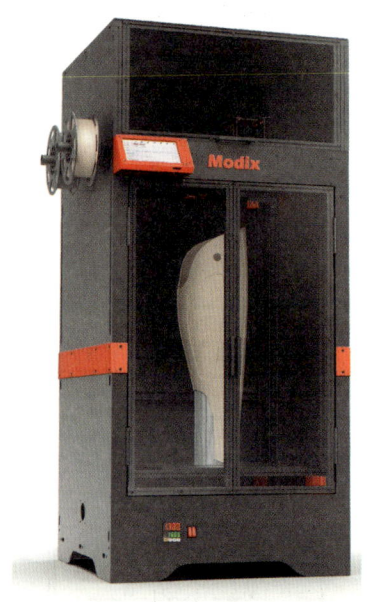

图2-36　FDM增材制造机

图2-37　3DP成型的砂型

剂粘接的零件强度较低，还需后处理。3DP成型的砂型见图2-37。

1. 3DP成型原理及流程

3DP成型原理如图2-38所示。该种成型工艺的原理是将粉末由储存桶送出一定分量，再以滚筒将送出之粉末在加工平台上铺上一层很薄的原料，喷嘴依照3D电脑模型切片后获得的二维层片信息喷出黏结剂，粘着粉末。做完一层，加工平台自动下降一点（等于层厚：0.013～0.1mm），储存桶上升一点，刮刀由升高了的储存桶把粉末推至工作平台并把粉末推平，再喷黏结剂，如此循环便可得到所要的形状。常用的材料是淀粉基粉末、石膏基粉末，但也有其他材料可供选用，如弹性塑料等。更有多种颜色的黏结剂可供选择，甚至可更换彩色墨头，即时打印出彩色工件。样件加工完毕后，将样件表面的多余粉末去除，然后将渗透剂浸入样件，再进行打磨、抛光、喷涂等后处理。

2. 3DP成型材料

3DP成型材料主要包括粉末材料、黏结剂以及后处理材料。工艺对粉末材料的要求：均匀、无明显团聚、流动性好、能铺成薄层；在溶液喷射冲击时不产生凹陷、溅散与孔洞；在黏结剂作用下很快固化。粉末材料主要有尼龙、塑料、玉米、陶瓷、蜡、金属、石膏等。对黏结剂的要求：易于分散、稳定，能长期储存，对喷头的材料无腐蚀作用，黏度足够低、表面张力高，能按设计的流量从喷头挤出，不易堵塞喷头。成型材料保证无毒，无污染。

3. 3DP的工艺特点

SLA、SLS、LOM等增材制造设备均是以激光为能源，而3DP打印机是采用较廉价的打印头，图2-39为3DP增材制造机。3DP的主要特点有：

（1）材料可重复利用，无需添加支撑结构。

（2）材料价格低，使用无气味、无污染，成型速度快，适合做桌面型的增材制造制作。

（3）材料广泛，可使用尼龙、塑料粉、玉米、陶瓷、蜡、金属、石膏、淀粉等各种粉末材料及其复合材料。可以在黏结剂中添加颜料，以便制作彩色原型，但材料存放必须防潮，样件也要进行防潮处理。

（4）样件尺寸精度有待提高。

（5）用黏结剂粘接的样件强度较低，需后处理增强。一般只能做概念型使用，不能进行功能性试验。后处理过程复杂，失败率高。

（6）适用于熔模铸造行业，可直接制造模壳。

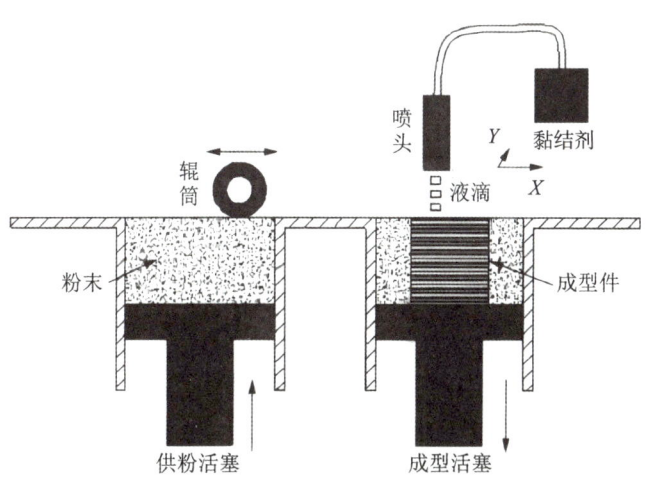

图2-38　3DP成型原理示意图

图2-39　3DP增材制造机

第四节　主要增材制造成型工艺的比较

随着科技的进步，新型增材制造技术层出不穷，但目前市场上仍以上述为主体。综合分析以上几种制造工艺，它们在不同场合、不同领域的应用也不尽相同。如表2-2所示，主要反映了加工过程中不同成型技术的工艺区别。如表2-3所示，主要展示了不同成型技术制造模型的区别。

表 2-2　不同成型技术的工艺区别

设备类型	成型头	形态	机理	反应	性能	优点
SLA	激光或紫外光	液态或液态+粉末	液体固化	光聚合反应	设备和原材料昂贵，加工成本高，激光器寿命短，适合用于小件、精密件制造	精度高，表面质量好
LOM	喷头	熔融态	喷射固化	冷却固化	自动加支撑，难度小，但速度慢，制造硬度高，韧性稍差，有空隙，精度中等	适用性好，成本较低
SLS	激光	固体粉末	烧结	烧结冷却	强度高，韧性好，可做样件，也可做蜡膜，制造价格适中，运行成本低，精度中等	原材料应用范围广
FDM	激光	薄片材料	粘接	粘接作用	适用于制造大型实心样件，直接成型转造木模，效率高，速度快	加工速度快，成本低

表 2-3　不同成型技术制造模型的区别

设备类型	原型精度	表面质量	复杂程度	零件大小	常用材料	制造成本	生产效率	设备费用
SLA	较高	优	中	中-小	热固性光敏树脂等	较高	高	较贵
LOM	较高	较差	简单	中-大	纸、金属箔、薄膜	低	高	便宜
SLS	较低	中等	中	中-小	塑料、金属、陶瓷	较低	中	较贵
FDM	较低	较差	复杂	中-小	石蜡、塑料、金属	较低	低	便宜

第五节　增材制造技术在产品设计研发中的作用

增材制造技术自问世以来，就对工业设计的设计、生产领域产生了革命性的影响，尤其在企业设计团队进行创意构思以及反复验证修改的设计交流过程中，发挥了十分重要的作用。增材制造技术可直接用于新产品设计验证、功能验证、外观验证、工程分析、市场订货以及企业的决策等，有利于发现问题和解决问题，可提高新产品开发的成功率，缩短开发周期，降低研发成本。

1. 设计验证评估

增材制造技术作为一种可视化的工具，常被用于设计验证和产品样件评估。也就是说，企业在投入大量的资本开始进行批量化生产成品之前，要及时发现产品设计中存在的问题，要让设计者、制造者及消费者之间进行及时的交流和沟通。

一个新产品的开发从功能设计开始，当所有实现功能的结构、细节被设计完善之后，就要给新产品穿上漂亮、美观的"外衣"，也就是产品的外观造型。外观造型是否美观、实用，往往决定了该产品是否能够被市场接受。传统的做法是根据设计师的思想，先制作出效果图及手工模型，经决策层评审后再进行后续设计。但由于二维效果图的表达效果受到很大限制，决策过程中不够直观，手工制作模型耗时，精度又差，手工模型与设计师的意图存在着较大的差异，这一问题一直不能够得到较好解决。而增材制造技术就能够迅速地将设计师的设计思想通过增材制造设备变成三维的实体模型。与手工制作相比，增材制造工艺不仅节省了大量的时间，而且精确地体现了设计师的设计理念，为决策层的产品评审和决策工作提供了直接准确的模型，减少了决策工作中的不正确因素。

2. 消除人为缺陷

在产品的开发设计过程中，由于设计手段和其他方面的限制，每一个设计作品都会存在着一些人为的设计缺陷。如果不能及早发现，就会影响接下来的工作，造成不必要的损失，甚至会导致整个设计失败。因此，及早发现并改正设计缺陷十分重要，使用增材制造技术可以将这种人为的影响降至最低限度。增材制造技术由于成型时间短，精确度高，可以在设计的同时制造高精度的模型，使设计师能够在设计阶段对产品的整机或局部进行装配和综合评价，从而发现设计上的缺陷与不合理因素来不断地改进设计方案。增材制造技术的应用可把产品的设计缺陷消灭在设计阶段，最终提高产品整体的设计质量。

3. 缩短设计周期

在新产品的开发过程中，经常会出现对图纸的错误理解。随着零件复杂度的增加，保证几何信息的准确性（如孔、结构筋错位或零件间装配不当）、避免零件间产生干涉（如钢索、束线、胶皮管、管道，以及机械电子部件和装配组件等）的难度随之增加。增材制造技术能以最快的速度（数小时或数天内）将设计思想物化为具有一定结构功能的产品样件，为新产品的设计提供了一个快捷、清楚并准确的描述，便于设计部门和制造部门之间进行良好的沟通与交流，完成设计修改，可以更好地体现设计者的想法，及早发现并纠正错误，从而对新产品的设计方案进行快速评价、测试与改进，促进合作，减少产品的开发时间并降低成本，是设计者检验CAD数据正确性及提高设计质量的工具。

增材制造技术的应用，可以做到产品的设计和模具生产并行。对于一般产品，从设计到模具验收需要一段相当长的时间，按传统的设计手段，只有在模具验收合格后才能进行整机的装配以及进行各种验收。对于在试验中发现的设计不合理之处，需要对原来的设计进行修改，再相应的对模具进行修改。这样就会在设计与制造过程中造成大量重复性的工作，使模具的制造周期加长，最终导致修改时间约占整个制作时间的20%～30%。应用增材制造技术之后，可以充分利用模具制造的这段时间，利用增材制造的制件进行整机装配和各种试验，随时与模具制造人员进行信息交流，力争做到模具一次性通过验收。这样模具制造与整机的试验评价并行工作，大大加快了产品的开发进度，能迅速完成从设计到投产的转换。另外，增材制造技术形成的模型对于模具的设计与制造过程有着明显的指导作用。对于具体产品来说，模具制造时间可以显著缩短，模具制造的质量可以得到提高，相应地对保证产品质量产生了积极的影响。

4. 提供模型样件

由于应用增材制造技术制作出的样品比二维效果图更加直观，比计算机中的三维图像更加真实，而且具有手工制作的模型所无法比拟的精度，因而在样件制作方面有比较大的优势。利用增材制造技术制作出的样件，能够使用户非常直观地了解尚未投入批量生产的产品的外观及其性能，并及时做出评价。这样就能使设计师根据用户的需求及时改进产品，为产品的销售创造有利条件，同时避免了由于盲目生产可能造成的损失。同时，供应商在报价或投标过程中，附带一个用增材制造技术制作出的一定比例的产品样件是极其有效的策略与明智的选择，利用增材制造样件可以清楚、直接地表达工程图纸的设计意图与特点，避免造成报价失真。增材制造技术可以应用于造船、建筑、汽车、航空航天以及家电等行业中的产品报价与投标。

5. 模拟功能试验

由于增材制造技术可以使用新型光敏树脂、金属等物理强度高的材料制作产品样件，样件具有足够的强度，这样便可直接使用样件来进行零件装配检验、干涉检查和模拟产品真实工作情况的一些功能试验，比如运动分析、应力分析、流体力学和空气动力学分析等，从而迅速完善产品的结构和性能，修改相应的工艺及所需模具的设计。例如，克莱斯勒公司直接利用增材制造技术制造的车体原型进行高速风洞流体动力学试验，节省成本达70%。

增材制造技术不仅可以帮助设计者检验新产品CAD数据的正确性，还可以进行功能测试和性能测试。随着新材料的不断开发，新的3D打印产品原型已具备一定的机械强度，可用于装配、传热性能、流体力学等性能检测和试验。

6. 为并行工程的实施提供统一依据和条件

并行工程（Concurrent Engineering，CE）将是21世纪新产品开发的主流方式。它以团队协作为基础，通过网络共享信息资源，同时考虑产品设计和制造中的上下游问题，从而实现并行设计的思想。但是，仅依靠计算机及其数字仿真，没有必要的物理手段，很难完美地进行并行设计。增材制造技术是并行工程中复杂造型和模具制造的有效手段，提供了一种新的产品开发模式。在设计初期，设计师可以拿到真实的产品样品，并可以在不同阶段快速修改重做样品，甚至制作模具和少量产品进行试产，以此来判断上下游的各种问题，为设计师创造了一个优良的设计环境。

第六节　增材制造技术的应用案例

经过三十多年的发展，增材制造技术在设备、工艺、材料等各方面取得了长足进步，在科研、工程、教学等各方面都占有举足轻重的地位。增材制造技术开辟了一种不需要任何工具就可以快速制造各种零件的方法，同时也为传统方法无法制造或难以制造的零件和模型提供了一种新的制造方法。由于其灵活、快捷的特点，增材制造技术已广泛应用于航空航天、交通、教育、玩具、通信、电脑、家电、电子、铸造、医疗、建筑、工艺、模具、军事等领域。

1. 航空航天、交通工具和复杂功能零件设计领域的应用

在航空航天领域以及交通工具设计领域，空气动力学地面模拟实验（即风洞实验）是设计性能先进的天地往返系统（即航天飞机），也是设计名贵跑车必不可少的重要环节。风洞实验中所用的模型形状复杂、精度要求高，又具有流线型特性，采用增材制造技术，根据CAD模型，由AM设备自动制作完成实体模型，能够很好地保证模型质量，从而为风洞实验提供有力的硬件保障。

2015年，设计师仿照动物骨骼的结构，为空客公司利用超强铝合金增材制造成一个复杂的格子架结构客舱区域（图2-40）。这是空客第一次将金属增材制造部件用于飞机机舱的设计。此结构已被空客注册为商业用途，并且空客也因为这项发明获得了德国联邦环保设计（Ecodesign）奖。

2018年，地月之间的一颗中继卫星——"鹊桥"成功进入使命轨道。"鹊桥"上面有很多新秀太空产品，其中包含中国航天科技集团五院529厂采用增材制造技术研制的多个复杂形状的铝合金结构件。这些铝合金结构件全部采用拓扑优化构型，通过与轻量化设计技术的结合，零件重量大幅降低，充分发挥了铝合金及增材制造工艺的优势。2020年5月，我国成功首飞的长征五号B运载火箭上搭载了"增材制造机"，这是中国首次进行太空增材制造实验，同样也是国际上第一次在太空开展连续纤维增强复合材料的增材制造实验。

如图2-41所示的攀爬管架车RC-Car，其车身采用6mm直径的增材制造零件，材质采用了未来7100的灰黑色尼龙，该材质具有高强度、高韧性，可用作功能部件。增材制造技术和聚合物材料使得这款车具有更高的性能，更快的速度，更轻的重量和耗油量。RC-Car游戏者为了获得更好的性能，会把最好的原型车进行数字化扫描，从而获得每个零件的准确外形和尺寸。与其他工艺和材料相比，增材制造技术具有较低的难度，并且更符合RC-Car的个性化要求。

布加迪始终引领汽车领域增材制造技术的应用，Bolide堪称布加迪迄今为止最优秀、最强大的产品，同时也是采用增材制造零部件最多的车型。自从开发了具有开创性的全增材制造钛制动器卡钳

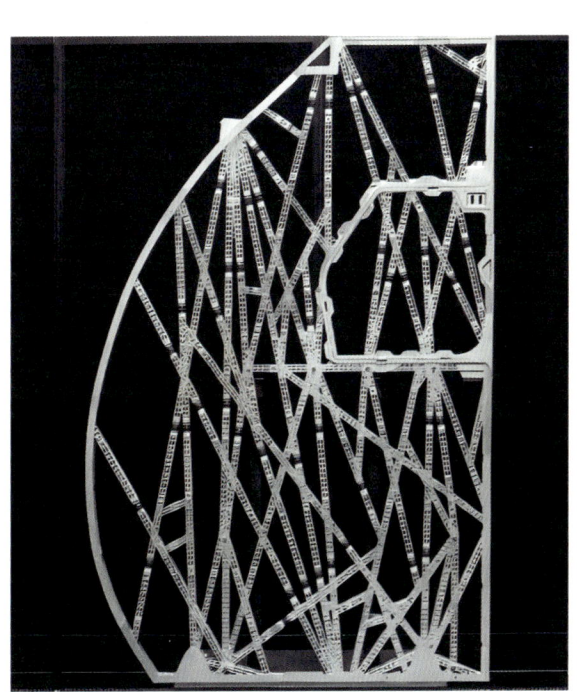

图2-40　利用超强铝合金增材制造的空客客舱结构

图2-41　攀爬管架车RC-Car

后，布加迪公司已经将仿生领域的原理应用到打印部件上：薄壁、中空的内部以及精细分支。"超跑"布加迪Bolide（图2-42）的许多部件都是增材制造的，包括后翼支架、推杆、排气管、转向柱支架、螺钉和紧固件、弹簧减振器和刹车卡钳。

尽管可能有不同的形式，但一些动力系统和底盘部件对于配备内燃机的车辆和电动汽车是通用的。Czinger开发的混合动力超级跑车Czinger21C（图2-43）集成了许多增材制造组件，包括一个金属底盘。

轻量化结构（图2-44）在航空、汽车、医药等领域的应用越来越广泛。轻质结构有两个优点：一是节省材料；二是减轻重量。传统工艺制造的轻量化结构往往需要先设计模具，再铸造以及进行后续的减材加工，这需要大量的时间和经济成本。而采用选择性激光熔融技术，则可以直接制造出更复杂、更具自由度的轻量化结构件。目前选择性激光熔融增材制造技术应用于轻量化结构设计还存在许多问题，通过改进设备及工艺参数可逐步改善选择性激光熔融成型件的力学性能，未来选择性激光熔融制造轻量化结构将得到更广泛的应用。

传统的机械加工必须先制造单一零件再组装成一个部件，而现代制造业正朝着节能环保、工艺流程简单的方向发展。免组装机构的概念就是伴随着这一趋势而产生的。免组装机构是指采用数字化设计和装配，利用激光选区熔融增材制造技术一次性直接成型，无需实际装配工序的机构（图2-45）。免组装机构具有无需装配、无装配误差、多自由度设计、无设计局限等优势。但是在选择性激光熔融直接制造过程中应当注意支撑的合理性、零件打印成型方向的合理性以及工艺参数的合理性。部件间配合是选择性激光熔融成型免组装机构的重大影响因素之一，需要优化成型件倾斜角度、设备铺粉层

图2-42　布加迪Bolide

图2-43　Czinger 21C框架

图2-44　SLM制造的轻量化部件

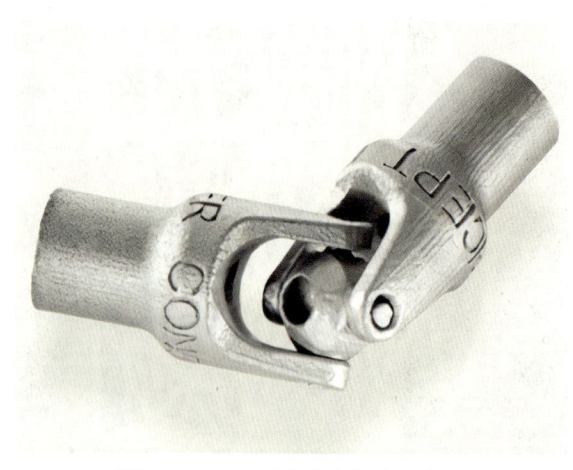

图2-45　SLM制造的免组装万向节

厚以及能量输入等参数来改进最小间隙特征和最优工艺参数。

2. 在文化艺术领域的应用

在文化艺术领域，增材制造技术在艺术创作、文物复制、数字雕塑等方面的应用非常广泛。如图2-46所示的数字模型是由美国斯坦福大学研究组在意大利佛罗伦萨对大卫雕像进行的非接触三维立体扫描所得，该方法不会对文物表面造成任何损害，而且可以精确地保存立体模型，对于文物保护具有重要意义。

2022年，在湖北省文物考古研究院武当山考古研究中心，1∶40高比例复制的武当山金殿模型诞生，这也是首次采用增材制造技术，成功对600多年历史的金殿实施高精度文物复制（图2-47）。

3. 铸造方面的应用

铸造砂型3DP打印技术，是一种基于三维打印技术的铸造砂型制造方法。该技术使用一种特殊的3D打印机将铸造所需的砂型直接打印出来，然后通过化学或热处理使其固化，并清除废料部分，这些砂型可用于各种金属铸造工艺。目前，铸造砂型3DP打印技术已经在工业生产中得到广泛应用，图2-48为3DP工艺制造的砂芯。

4. 日常用品领域的应用

目前，增材制造技术在日用品行业得到了很大程度的普及与应用。例如我国的增

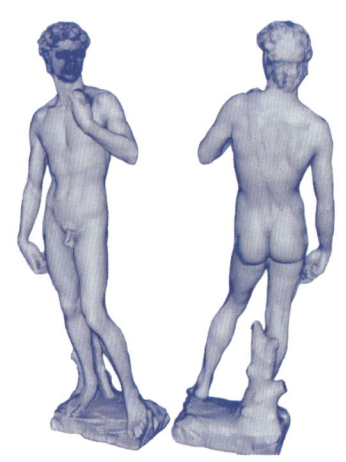

图2-46　三维扫描大卫原作

图2-47　武当山金殿增材制造模型

材制造机制造商Creality公司制造了数千个带扣的口罩,以减轻医护人员长时间戴口罩引发的耳根疼痛。塑料扣两边的小条把戴口罩的人头部后面的松紧带拉紧,这样就不会给他们的耳朵带来过大的压力(图2-49)。

户外品牌VAUDE开发了一款3D打印背包Novum 3D。该背包由单一可回收材料制成。Novum 3D采用蜂窝结构,可确保最大稳定性,同时将生产所需的材料降至最低。背包的每个组件,从肩带到背包,甚至蜂窝状背垫,都是由100%热塑性材料(TPU)3D打印制成。Novum 3D的每个组件也是完全可拆卸和可回收的,其朝着循环经济迈出了一大步(图2-50)。

Barilla是一家专门从事食品生产的意大利公司,其意大利面产品十分出名。在增材制造技术不断发展的同时,公司也开始探索这一新的生产技术所带来的巨大潜力。Anelli是一种新型的意大利面,它的主要形状是由两个小圆环组成的一个环,该无缝形状只能通过增材制造技术来制作。它呈现出令人舒适的视觉感受和耐嚼的食物质感。更重要的是,Anelli的两个孔面向不同的方向,可以使它收集更多的酱汁,同时也能够承载更多菜式的装饰(图2-51)。

图2-48 3DP工艺制造的砂芯

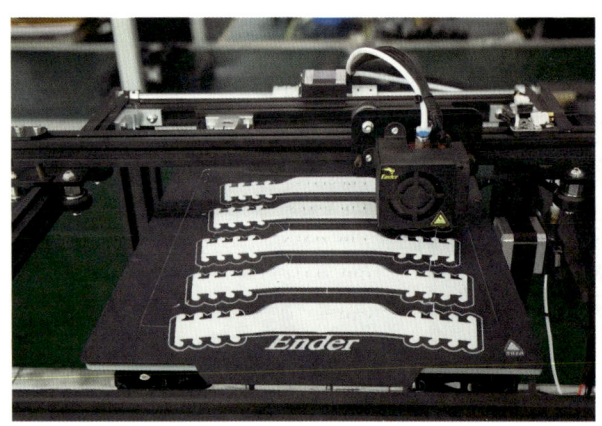 

图2-49 增材制造口罩扣

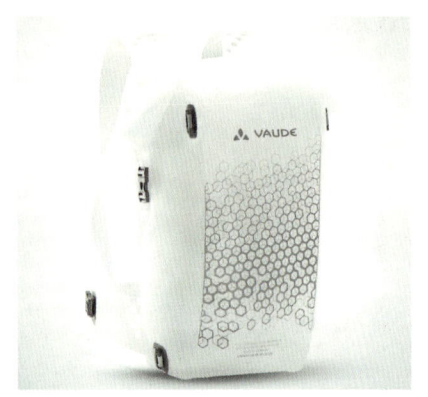  

图2-50 VAUDE 增材制造背包 Novum 3D　　　　图2-51 增材制造的意大利面

大阪设计工作室 Doogdesign的创始人小池和也（Kazuya Koike）擅长使用3D打印机在设计过程中创作原型。该款增材制造的花瓶外观有一种未完成的、原始的美感。这一系列的花瓶类似于一个倒置的漏斗，壶嘴打开以容纳鲜花。每个花瓶都大方展示出3D打印机制作出的看起来像是未完成的开口，可以注水种养一些新鲜花材（图2-52）。

"Spirula"是用沙子增材制造的扬声器，音箱外观是模仿人类耳朵里螺旋形的耳蜗，其边缘填充了吸音纤维，防止声波从扬声器背面逃逸。增材制造完美制作出了"Spirula"有机形状的外观（图2-53）。

饰品行业具有快速、时尚的特点，传统工艺生产周期长，小批量生产成本高，工序多且精度差，创新设计不足。增材制造带来的是生产流程的改变、定制化服务、复杂的设计以及平台化的商业模式。增材制造能够完成独特的外部造型和复杂的内部结构，及自主研发、独立设计的饰品产品，帮助客户进行产品绘图、打版，实现小批量、快速制造、个性化定制。打破传统的制造方法，将制造工艺由原来的14道工序优化为4道工序，节约时间，降低成本，真正实现了金属饰品由制造向智能制造的升级（图2-54）。

增材制造技术的应用已经非常广泛，可以相信，随着增材制造技术的不断成熟和完善，它将会在越来越多的领域得到推广和应用。

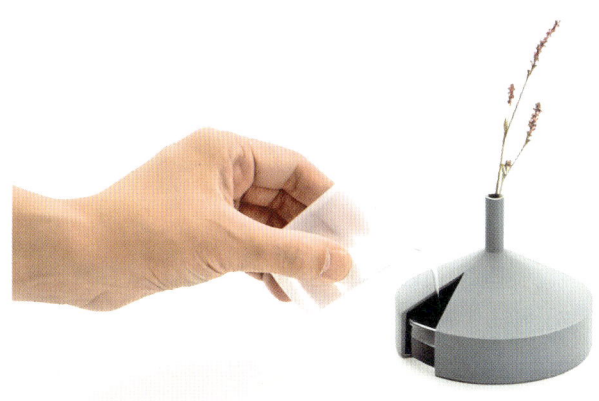
图2-52　增材制造花瓶

图2-53　利用沙子增材制造的扬声器

图2-54　增材制造首饰

第七节　增材制造技术的发展方向与新工艺

目前，国内外增材制造研究、开发的重点集中在增材制造技术的基本理论、新的增材制造方法、新材料的开发、模具制作技术、金属零件的直接制造、生物技术与工程的开发与应用等领域。同时，还要进一步追求更快的制造速度、更高的制造精度、更高的可靠性；推动增材制造设备的安装使用外设化，操作智能化；使其安装和使用变得非常简单，不需要专门的操作人员。增材制造技术是一个具有生命力的技术，近年来研究和开发人员不断探索新的方法，下面通过分析几种新的增材制造方法更加直观地阐明增材制造技术的发展方向。

1. 多种材料组织的熔积成型

美国卡内基梅隆大学的L.E.魏斯（L.E.Weiss）和斯坦福大学的R.梅尔茨（R.Merz）提出了一种多相组织沉积型制造方法（Shape Deposition Manufacturing of Heterogeneous Structures）。与此相似，卢秉恒院士的国家自然科学基金项目《一种微机械制造的新方法》中也阐述了用多个喷头熔积不同材料来制造微机械的方法，其原理如下：利用等离子放电来加热金属丝材料，熔化的材料熔积到工件逐渐成型。包含多种材料的工件在成型过程中需要多个喷头，每个喷头都可以喷出不同的成型原料。在计算机辅助设计中可以设计出一个完整的器件，器件中的零件由不同材料组成，分层后的材料信息将在每个层面中体现出来。在每一层面上，根据要求，分别喷上所需材料，这样逐层制造就可以成型出一个多种材料和部件的三维实体零件。这种技术可在一些小型复杂结构零件的一次成型制造中使用，而无需分件加工和装配，是一种材料与结构一体化的方法，是发展微机械制造的一条有效途径。

2. 气相沉积成型

美国康涅狄格大学的凯文·雅库贝亚斯（Kevin Jakubeas）阐述了一种基于活性气体分解沉淀的成型技术，称为"Selective area laser deposition"。即使用高能量激光的热能或光能分解一种活性气体。这种活性气体在激光的作用下发生分解，沉积出一个材料的薄层进行逐层制造。雅库贝亚斯认为通过改变活性气体的成分和温度以及激光束的能量，可以沉积出不同材料的零件，包括成型陶瓷和金属零件。

3. 侵入式光成型

日本大阪产业大学的丸谷洋治（Yoji Marutani）描述了一种新的立体光成型技术。它是将激光光束通过一根管子直接插到光敏树脂槽中，管子可在水平方向自由运动。为了在光固化时防止树脂流入管子而将工件与管子粘到一起，可在管子中充入空气，控制气压，在管口部形成气泡，将管子端口与工件分离开，激光通过管子中的透镜聚焦在工件上进行逐层加工。这种方法，可以节省通常的光固化成型的再涂层装置与工艺，节约加工时间，提高加工效率。

4. 轮廓成型工艺

美国南加利福尼亚大学的巴洛克·科什内维斯（Barok Khoshnevis）申请了名为"cotour crafting"的专利技术。它将挤压的工艺与类似于FDM的成型方法结合起来，用一个"抹刀"成型零件的上表面和侧表面。这种方法可以光顺零件的内外表面，消除层层累加制造所产生的台阶效应。这样可保证每一层的厚度在比较厚的情况下仍有光滑的表面，从而提高了加工速度。

5. 直接光成型

美国德州仪器公司的苏珊娜·文图拉（Susanna Ventura）开发了一种直接光成型系统（Direct photo-shaping）。该系统以光固化树脂作为黏结剂，采用光照射光固化树脂与陶瓷的混合物，将陶瓷粘接起来，逐层固化，制造出陶瓷零件，零件经由焙烧后，将树脂烧掉，陶瓷烧结成型。通过这种方法可以进行陶瓷或粉末冶金零件的制造，解决难加工零件的成型问题。

6. 三维焊接成型

英国诺丁汉大学的P.迪金斯（P.Dickins）等提出了一种基于三维焊接成型的方法。它利用焊接机器人制造金属零件。过去在制造零件时，因为液态金属的表面张力和活动性，层与层之间的连接不牢固，会泛起裂纹，从而影响物理机能和力学机能。他们提出用凸凹结合的方法进行连接，以提高层之间的粘接强度。这是一种机械连接法，可提高金属零件的强度。

7. 光成型表面光顺工艺

英国诺丁汉大学的一个科研小组提出了一种对光固化成型表面修整的方法，可降低制件的表面粗糙值。在扫描完一层后，托板上升一个层厚，在层之间的台阶上还会吸附部分树脂，因为表面张力的作用，吸附的这部分树脂把台阶之间的空隙填充了起来，再用激光照射使其固化，就可以填补台阶，将零件表面光顺起来，从而降低制件的表面粗糙度值。

当前增材成型技术是传统大批量制造技术的补充，既用于产品设计研发，也用于部分特殊产品的生产。未来增材成型技术的智能化、信息化水平将会更高，与智能设备、智能材料等先进技术的联系将更加紧密，可制造所需要的功能性产品，发展前景十分广阔。

第八节　增材成型技术数据处理

增材制造工艺过程由CAD系统或逆向工程软件，这些工具将模型转化为STL（Standard Tessellation Language）数据格式开始，然后利用分层软件对STL文件进行处理，生成各层面扫描信息，在计算机控制下实现全自动加工，从模型处理到数控代码生成的全过程都由数据处理软件完成。层面扫描信息也可以直接来自CT或MRI数据，或通过CAD模型分层生成。因此，数据前处理在增材制造中占据重要的地位。

一、增材成型技术的数据来源

增材成型技术的三维模型数据来源主要有以下几方面：

（1）正向设计的三维CAD模型数据：这是目前最重要且应用最广泛的数据来源之一。现代产品设计通常直接采用计算机辅助设计软件来构造产品等三维模型，这些模型通常在专业的三维造型软件平台上创建，如UG、Pro/E、Cimatron、CATIA、SolidWorks。

（2）逆向工程数据：其来源于通过逆向工程对已有实物零件进行数字化后的数据。利用逆向测量设备采集零件表面点的数据，并根据测量数据运用逆向设计软件或逆向和正向设计软件的结合重构出实物的CAD模型。

二、STL文件

STL文件格式是快速成型系统用得最多的数据转换形式，几乎所有类型的快速成型制造系统都可以接受此种格式。STL文件中的模型类似于有限元的网格划分，由若干空间小三角形面片集合而成，是一种空间封闭的、有界的、正则的唯一表达物体的模型。在STL文件中，每个三角形面片由三角形的三个顶点和指向模型外部的三角形面片的法线矢量组成，是对CAD实体模型或曲面模型进行表面三角形网格化，用小三角形面片去逼近自由曲面。它既包括模型的点、线、面的几何信息，又包括点、线、面之间的拓扑关系，是一种完全表达模型信息的模型描述。

1. STL文件存储格式

对于任意封闭曲面，总有一个三角剖分K可描述该曲面的形状，即$K=\{T_1, T_2, T_3, ..., T_n\}$，其中$\cup_{i=1}^{n} T_i = F$，$F$为封闭面，$T_i$为第$i$个三角形面片，$n$为描述曲面的三角形面片的数量。该三角剖分$K$描述了三维物体的表面形状（封闭曲面$F$），物体的表面形状可看作由这些三角形面片$T_i$组合而成。在拓扑学中，如果一个流形可以通过弯曲、延展、剪切（只要最终完全沿着当初剪开的缝隙再重新粘贴起来）等操作转变成另一个流形，则两者同胚。在三角剖分中，用来描述曲面形状的三角形面片是平面三角形的同胚，所以它们在空间可以是弯曲的也可以是平面的，三角形面片的边可以是直线也可以是曲线。当三角剖分中的三角形面片越密时，该剖分逼近三维曲面形状的程度也就越高。根据一致性规则可知，每两个三角形的关系有三种：不相交，只有一个公共顶点，或者只有一条公共边。两个不同的三角形的顶点不可能完全相同。因此，只要给出各个三角形面片的顶点及坐标，曲面也就确定了。STL文件就是基于这一方法的实体描述文件，其中每个三角形面片T_i的描述如下：

$$T_i = \begin{bmatrix} float & n_x & n_y & n_z \\ float & x_1 & y_1 & z_1 \\ float & x_2 & y_2 & z_2 \\ float & x_3 & y_3 & z_3 \end{bmatrix}$$

式中第一行为三角形面片的法向量方向，第二到第四行为三角形面片三个顶点的坐标。由此看出，STL文件充分表达了物体表面三角剖分的面片信息，在剖分三角形密度达到极限（三角形面片的三个顶点无限接近）时，每个T表达的是物体表面的每一个点的位置。然而，三角形面片越密集，数据存储量就越大，这无疑会增加软件计算负担。所以通常在满足精度要求的前提下应使用尽可能少的三角形面片来逼近实体表面。如图2-55显示了CAD软件中STL文件内由三角形面片构成的曲面图像。

STL文件的存储格式有文本（ASCII）与二进制（BINARY）两种，这两种格式的STL文件存储的信息基本相同。ASCII文件的特点是能被人工识别并修改，文件将数据以数字字符串的形式存储，并且中间用关键词分隔开来，平均一个面片需要150字节的存储空间，主要用来调试程序。STL文件的ASCII文件格式如下：

Solid <name>
Facet normal $N_iN_jN_k$
Outer loop
Vertex $V_{1x} V_{1y} V_{1k}$
Vertex $V_{2x} V_{2y} V_{2k}$
Vertex $V_{3x} V_{3y} V_{3k}$
End loop
End facet
…
End solid <name>

从上述格式可以看出，每个面片采用四个数据项表示每一个三角形面片，即三角形面片的三个顶点坐标（V_1, V_2, V_3）和三角形面片的外法线矢量（N_i, N_j, N_k）。

BINARY文件用84B的头文件和50B的后述文件来描述一个三角形面片，也就是说，BINARY格式文件每个三角形面片占用50字节的存储空间。由此可见，描述相同数量的三角形面片时，BINARY文件占据的存储空间约为ASCII的1/3，因此，BINARY的STL文件格式被广泛应用。STL文件的BINARY文件格式如图2-56所示。

上述的面目录一般是以三角形面片法线矢量的三坐标开始的。该法线矢量指向面的外侧并且是一个单位长，顺序是x, y, z，法线矢量的方向符合右手法则。

2. STL文件的规范

虽然STL文件存放的是一些离散的三角形面片描述，但它的正确性依赖于其内部隐含的拓扑关系。所以正确的STL数据模型必须遵守一定的规范：

（1）相邻两个三角形之间只有一条公共边，即相邻三角形必须共享两个顶点。

（2）每一条组成三角形的边有且只有两个三角形面片与之相连。

（3）三角形面片的法向矢量要求指向实体的外部，其三顶点排列顺序与外法矢之间的关系要符合右手法则，如图2-57所示。

（4）STL文件的所有顶点坐标必须是正的，即STL模型必须落在第一象限。若为零或负数，则是错误的。目前几乎所有的CAD/CAM软件都允许在任意的空间生成STL文件。

（5）充满原则在三维模型的表面必须布满小三角形平面，不能有裂缝和孔洞，内外表面之间的厚

图2-55　CAD软件中的STL模型

#of bytes	description	
80	有关文件、作者姓名和注释信息	
4	三角形面片的数目	
	facet 1	// 面片1
4	float normal x	// 面片1 X方向法线矢量
4	float normal y	// 面片1 Y方向法线矢量
4	float normal z	// 面片1 Z方向法线矢量
4	float vertex1 x	// 面片1第一个顶点X坐标
4	float vertex1 y	// 面片1第一个顶点Y坐标
4	float vertex1 z	// 面片1第一个顶点Z坐标
4	float vertex2 x	// 面片1第二个顶点X坐标
4	float vertex2 y	// 面片1第二个顶点Y坐标
4	float vertex2 z	// 面片1第二个顶点Z坐标
4	float vertex3 x	// 面片1第三个顶点X坐标
4	float vertex3 y	// 面片1第三个顶点Y坐标
4	float vertex3 z	// 面片1第三个顶点Z坐标
2	未用（构成50个B）facet 2	

图2-56　STL文件的BINARY文件格式

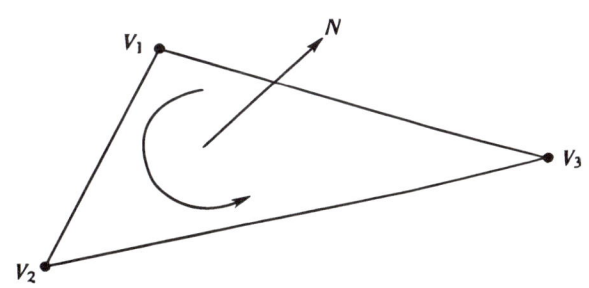

图2-57　STL三角形平面的法线矢量N

度不能为0，并且外表面不能从其本身穿过。

3. STL文件的检验与修复

在STL文件的规范中提到，正确的STL模型需要遵守一致性法则。但由于三角形面片拟合实体表面算法本身固有的复杂性，一般CAD造型系统输出复杂模型的STL文件时都有可能出现一些错误，导致最终输出的STL模型不满足上述一致性规则。由于一些细节部分一般不影响整体视觉效果，所以在CAD图形显示软件中，小的三角形是否正确连接并不重要。但是增材制造系统的基本任务是将STL模型离散为一层层的二维轮廓切片，再以各种方式填充这些轮廓，生成加工扫描路径。如果三角形面片不能正确连接，而这些错误在切片前未得到妥善处理，那么在切片时就会出现轮廓错误、混乱等异常情况，甚至会导致程序运行崩溃。

增材制造工艺对STL文件的正确性和合法性有较高的要求，需要保证STL模型无裂缝、空洞、悬面、重叠面和交叉面。如果这些错误在分层前未被纠正，则会造成分层后出现不封闭的环和歧义现象。为保证有效进行快速原型的制作，对STL文件进行浏览和编辑处理是十分必要的。STL文件出现的许多问题往往来源于CAD模型中存在的一些问题，对于如大空洞、多面片缺失、较大的体自交等，最好的处理方法是返回CAD系统进行再操作。对于一些较小的问题，增材制造数据处理软件提供了自动修复的功能，不需要回到CAD系统重新输出，这样可节省时间，提高工作效率。目前，已有多种用于观察和修改STL格式文件的专用软件，如美国Imageware公司开发的Rapid Prototyping Module软件、芬兰DeskArtesoy开发的Rapid Editor软件、比利时Materialise N.V.（Belgium）开发的Magics RP软件。

三、零件的分割与摆放

在成型准备过程中，有时会遇到零件结构复杂，成型支撑无法去除或大型零件的尺寸超出成型机工作范围的情况，此时零件无法一次性成型，通常需要对零件进行分割。具体做法为：首先根据零件的几何特征和组合特点，结合成型机的工作范围，确定分割的零件子块数目，整体上进行分块布局；然后在每个零件子块制作完成后，再将各部分粘接还原成整体原型。

在增材制造中，模型的摆放决定了成型时每层的叠加方向。原型制作精度、原型强度、制作时间、制作成本以及制作过程中所需支撑多少都会受到模型摆放方位的影响。当选择尺寸最小的方向作为叠加方向时，可提高制造效率、缩短原型制造时间；将较大的尺寸方向作为叠加方向（零件中孔的轴线平行加工方向的数量最大化）时，可提高原型制作质量和某些关键尺寸、形状的精度。为了减少支撑、节省材料和方便后处理，使悬臂结构的数量最少，有时也会采用倾斜摆放方式。

如图2-58所示为手机支架的两种成型方式。按图2-58（1）所示方向制造出来的原型成型时间短，支撑结构少，使用耗材少；按图2-58（2）所示方向制造出来的原型成型时间长，支撑结构多，使用耗材多。

为了使成型空间得到最大的利用，提高成型效率，需要根据原型的精度要求、成型设备的加工空间，合理安排原型的摆放位置和成型方向。必要时可将一个原型分解成多个，分别成型，也可将多个STL模型文件调入合并为一个STL模型文件，一起成型。

一个零件的制作时间T是各层制作时间T_i的总和，而每层的制作时间包括扫描时间t_{si}和辅助时间t_{ai}，即

$$T = \sum_{i=1}^{N} T_i = \sum_{i=1}^{N} t_{si} + \sum_{i=1}^{N} t_{ai}$$

每层的扫描时间t_{si}由轮廓扫描时间t_{ctri}、实体扫描时间t_{sldi}和支撑扫描时间t_{spti}这三部分组成，即

$$t_{si} = t_{ctri} + t_{sldi} + t_{spti}$$

由于制作单个零件和多个零件所需的辅助时间基本是相近的，可以通过每次制作多个零件来减少每个零件的辅助时间，从而提高制作效率。如果需要制作的零件较多，需要多次制作才能完成，这种情况下需要先将零件进行分批组合，再对每个组合进行布局优化，尽量缩短每层轮廓扫描的路径，减少扫描时间，提高成型效率。

对于同一个零件而言，减小零件堆积方向的高度尺寸可以减少零件的分层数目，进而减少零件制作的辅助时间。但实际上，堆积方向与制作时间之间的关系并不是单纯减小零件堆积方向的高度尺寸就能减少制作时间的。有时候为保证零件能制作成功，减小高度方向尺寸可能导致零件制作过程中支

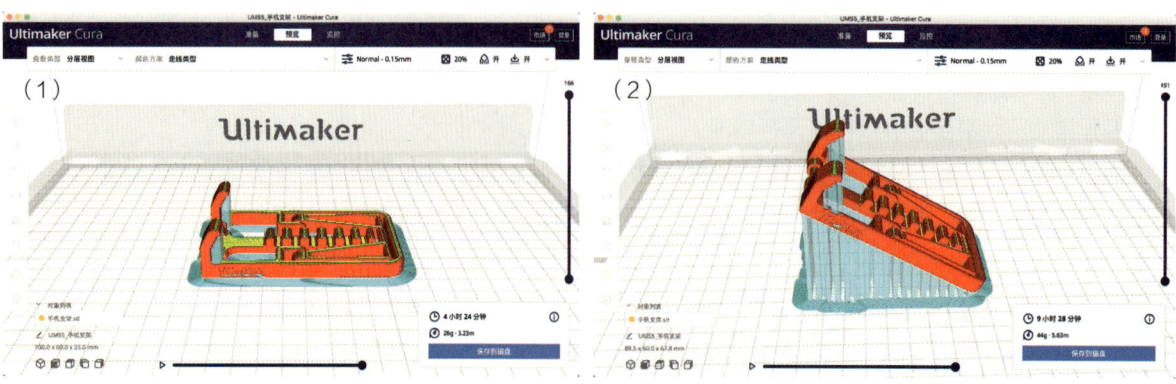

图2-58　手机支架的两种成型方式

撑数量的增加，这样就增加了支撑的制作时间，增加了材料的损耗和后处理工作的难度。因此，较优的成型方向是在满足零件表面的前提下，成型高度尽量小，表面形成的支撑尽量少。

四、支撑的设置

理论上，增材成型技术能加工任意复杂形状的零件。但在实际操作中，由于增材成型需要层层叠加完成零件加工，所以在部分成型工艺中必须设计支撑以保证零件不变形。增材成型中的支撑起固定零件的作用，相当于传统加工中的夹具。合适的支撑对原型的制作起着至关重要的作用，它可以防止零件在加工过程中因收缩变形而导致制作失败，可以保持原型在制作过程中的稳定性，并保证原型相对于加工系统的精确定位。原型件的加工时间、加工精度，甚至制作的成败很大程度上受快速原型支撑结构设计的影响。LOM中切碎的纸、三维喷涂黏结成型中未黏结的粉末、SLS中未烧结的粉末，都能对模型起固定及定位作用，可看成是模型的支撑。SLA中未固化的液体能支撑模型，但不能固定模型的成型位置，所以必须设置部分支撑，防止模型在成型过程中漂浮。FDM喷头挤出熔融态的材料、3DP喷出液态的光敏树脂，在堆积成型中，当上层截面大于下层截面时，上层截面多出的部分由于无材料的支撑将发生塌陷或变形，影响零件原型的成型精度，甚至使零件不能成型，所以必须设置支撑。

如图2-59所示，按作用不同，支撑可分为基底支撑和对零件原型的支撑。基底支撑直接堆叠在工作台上，形状为覆盖了原型在水平平面上投影区域的矩形。基底支撑的设置便于零件从工作台上取出，也可保证预成型的零件原型处于水平位置，消除工作台的平面度误差所引起的原型误差，并且有利于减小或消除翘曲变形。

添加支撑的方法一般有两种：在CAD系统中手工添加支撑结构和软件自动生成支撑结构。一般增材制造系统软件在分层参数中可根据设置的支撑角度自动生成支撑。零件的成型方向决定了使用多少支撑材料和移除支撑材料的难易程度。一般情况下，从模型外部移除支撑比从内部移除要简单些。如图2-60（1）所示零件，面向下[图2-60（3）]打印比面向上[图2-60（2）]打印需要使用更多的支撑材料，成型时间长，需去除更多支撑结构。

添加支撑时需考虑支撑的强度、稳定性、加工时间、可去除性等因素。首先，支撑是为加工件提供支撑和定位的辅助结构，好的支撑必须保证足够的强度和稳定性，使得自身和它固定的加工件不会变形或偏移。同时，支撑的加工必然要消耗一定的时间，在满足支撑作用的情况下，支撑结构应尽可能少，从而尽可能缩短加工时间，同时还可以节约成型材料。在满足强度的条件下，支撑的扫描间距

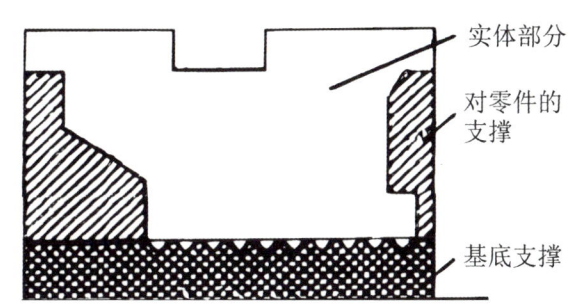

图2-59 增材制造的支撑示意图

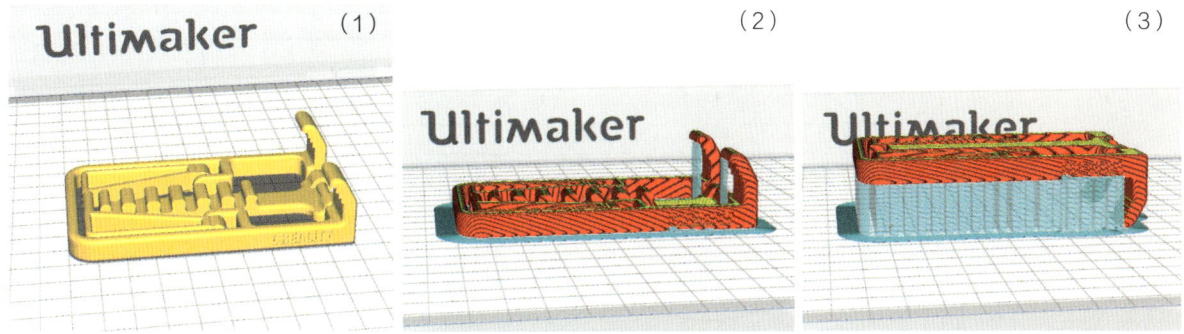

图2-60 手机支架模型的支撑结构

可以加大。现在很多成型机可对实体和支撑结构采用不同的材料成型，在成型参数的设置上，支撑材料的密度小于实体材料的密度，所以很容易从实体材料上移除支撑材料，不仅可以节省加工时间，而且便于去除支撑材料。最后，当加工件制造完毕后，需要将支撑结构与加工件分开。若原型与支撑粘接过牢，不但不易去除而且会降低原型的表面质量，甚至在去除时会破坏原型。支撑与原型结合部分越小，越容易被去除，所以结合部位与支撑的粘接在保证足够支撑强度的情况下，应尽可能小。去除外部支撑比去除内部支撑更方便，在选择成型方向时，应尽量减少内部支撑。有些成型工艺可以采用水溶性支撑材料，造型完毕后，将原型置于水中，支撑可以溶化，非常容易去除。

五、三维模型的分层处理

在确定了成型方向和支撑后，STL模型需按照设定的分层高度进行分层，并得到在该高度上的零件平面轮廓。增材制造工艺的成型过程实际上是以各层截面图形为底，高度为分层厚度的一个个柱形体依次叠加，最终形成一个三维实体，如图2-61所示。

零件的三维模型必须经过分层处理才能将数据输入成型设备中，分层处理的效率、速度以及所得到的截面轮廓的精度对增材成型制造的效率和精度十分重要。对于同一个原型件，分层厚度越大，所需加工的层数越少，成型时间就越短，但是"叠层制造"系统原理误差带来的表面质量和精度就越差；分层厚度越小，误差越小，表面质量就越好，但层厚过小会增加分层的数量，增加成型时间，并且数据处理量的增大也增加了数据处理时间。可见，加工效率与成型件表面质量相矛盾。

为了解决等分层厚度切片处理方法中存在的矛盾，有研究人员进行了自适应分层方法的研究。在定层厚分层方法中，每一层切片厚度都相同，这将导致在零件表面斜度较大时，加工件与数字模型件产生较大体积差，如图2-62（1）所示。在自适应方法中，在分层方向上的切片厚度根据零件轮廓的表面形状自动改变，以满足零件表面精度的要求，如图2-62（2）所示。当零件表面倾斜度较大时选取较小的分层厚度，以提高原型的成型精度、减少与数字模型之间的误差；反之则选取较大的分层厚度，以提高加工效率。所以，自适应分层就是在误差控制下，根据模型几何特征的变化采用不同的层厚对模型进行分层。

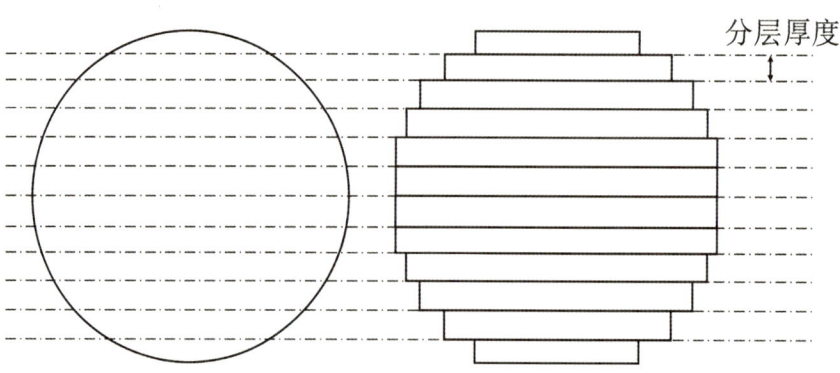

图2-61　分层前的剖面示意图（左）分层后的剖面示意图（右）

六、层片扫描路径

在三维模型分层后,在每层切片上得到模型的截面轮廓,每个分层平面的成型扫描路径包括轮廓扫描和填充扫描(图2-63)。不同形式的扫描路径与制件的精度、强度和成型效率都密切相关,因此设置合适的层片扫描路径对于提高快速成型设备的成型质量和成型效率具有重要意义。目前,在增材制造技术中成功应用的扫描路径有往复直线法[图2-64(1)]、环形扫描法[图2-64(2)]和分形曲线法[图2-64(3)]等。每一种扫描路径都存在优点和缺点,适用于不同的成型对象。常用优质的快速成型扫描轨迹应该具有以下特点:保证制件的成型精度和表面质量,减小层间应力,尽量减轻翘曲变形;尽量保持扫描路径的连续性,减少空行程,提高成型效率;可以优化机构的运行状态,减少振动和噪声,延长增材制造设备的寿命。

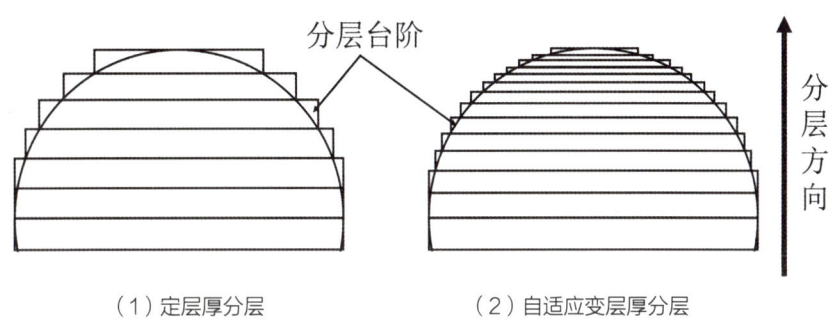

图2-62　定层厚分层法和自适应变层厚分层法

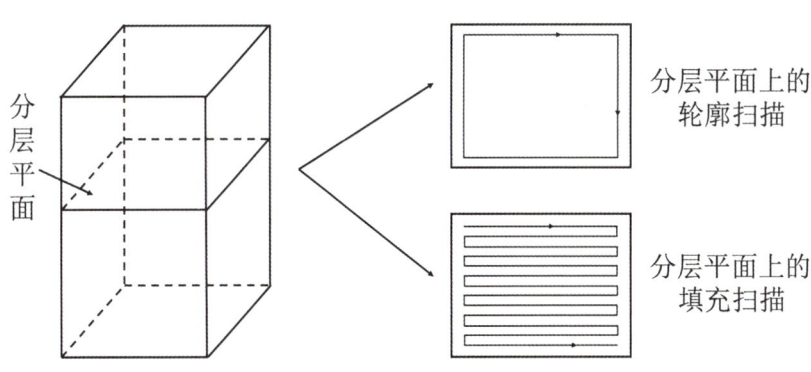

图2-63　截面轮廓的加工路径

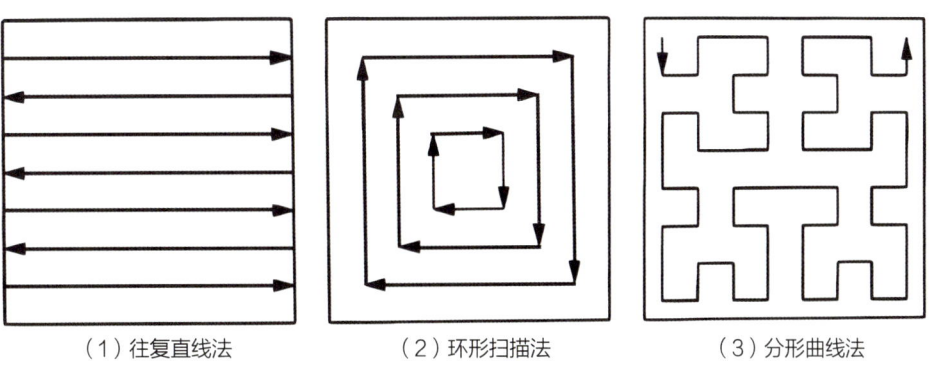

图2-64　常用的扫描路径

七、Ultimaker Cura软件的使用

Ultimaker Cura是Ultimaker公司旗下增材制造机的模型切片软件，它的核心是功能强大的开源切片引擎。软件配备预先设置好的打印配置文件，可直接单击选择使用。如果用户有特殊需求，也可通过自定义模式进行参数调整。软件兼容STL、OBJ、X3D、3MF、BMP、GIF、JPG、PNG等文件类型，并且通过认可插件与SolidWorks、Autodesk Inventor 和Siemens NX等CAD软件无缝集成。下面简要介绍Ultimaker Cura软件的使用。

1. Ultimaker Cura软件的工作流程

使用Ultimaker Cura 软件对模型进行切片处理时，遵循设计→准备→打印的工作流程，如图2-65所示。

2. Ultimaker Cura 软件的基本操作

下面以Ultimaker Cura 4.11为例，介绍软件的基本操作。

（1）Ultimaker Cura 的操作界面。Ultimaker Cura软件的操作界面如图2-66所示，主要包含以下几个部分。

① 菜单栏：提供软件可以执行的所有命令，包括语言设置、文件导入等。

② 标题栏：显示当前打开的模型文件名称。

③ 视图转换栏：用于转换准备视图、预览视图和监控视图。

④ 工具栏：包括导入模型文件、选择打印机、选择打印材料、选择预置打印文件或自定义打印参数，在模型窗口中移动、旋转、镜像模型等。

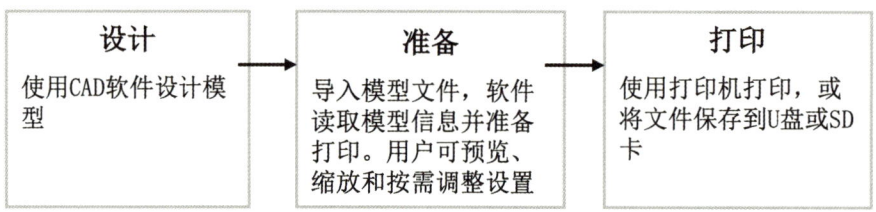

图2-65　Ultimaker Cura软件的工作流程图

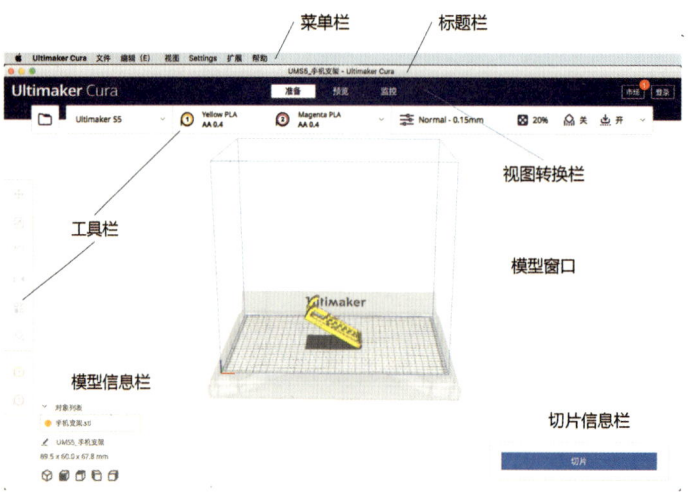

图2-66　Ultimaker Cura软件的操作界面

⑤ 模型窗口：用于显示已导入的模型与打印机的相对位置。灰色框架为打印机的打印范围。

⑥ 模型信息栏：显示模型文件名称、模型实际大小、转换模型视图等。

⑦ 切片信息栏：单击切片按钮后，显示打印时间、打印材料重量等信息。

（2）键鼠操作。Ultimaker Cura软件操作方式以鼠标为主。主要用于选择、移动、旋转模型数据及打印机视图等。鼠标左键用于选择模型以及配合工具栏、菜单中的命令，对模型进行旋转或镜像。鼠标右键用于旋转，包括打印机在内的整个视图，按住鼠标右键并拖动可旋转整个视图。

（3）帮助。将鼠标放在菜单栏、工具栏、对话框或其他有疑问的图标或命令上时，软件会通过悬浮文本框提供相应提示。也可通过菜单栏上的"帮助"选项获得帮助文件。

3. Ultimaker Cura软件的基本操作实例

下面以"手机支架.stl"为例，介绍Ultimaker Cura软件的基本操作。

（1）打印机和材料的选择。启动Ultimaker Cura软件，水平工具栏文件打开图标 🗁 的右侧为打印机选择菜单，单击后出现预设打印机选名称、添加打印机以及管理打印机。单击添加打印机按钮，弹出新增打印机对话框（图2-67），可选择添加已联网打印机在线打印，或选择未联网打印机，保存切片文件后再导入打印机进行打印。Ultimaker Cura软件支持常见品牌打印机及用户自定义打印机，其可用打印机型号可在下拉选项中找到。选择需要添加的打印机后，单击"添加"按钮保存并退出界面。本例中以Ultimaker S5打印机（图2-68）为例进行讲解。

水平工具栏第三项为选择打印材料。Ultimaker S5打印机配备了双重喷头，所以在材料选择中可看到两个材料选项，可在"已启用"选框内选择是否启用该喷头。根据打印机中装载的材料进行选择，图中的选择为：喷头1使用黄色PLA材料，喷头2使用洋红色PLA材料。Ultimaker打印机常用材料包括坚韧耐用的ABS塑料、可剥离的支撑材料Breakaway、抗化学侵蚀的CPE和CPE+、耐磨耐用的尼龙、坚固耐热的PC、多用途且易于打理的PLA、抗疲劳抗化学侵蚀的PP、水溶性支撑材料PVA和耐磨抗撕裂的TPU 95A。这些材料和颜色选项根据所选打印耗材在Ultimaker Cura软件材料选项中都可以找到。喷头1使用的打印核心类型为AA0.4，为AA系列打印核心，喷嘴直径0.4mm（图2-69）。

（2）文件的导入。设置打印机后，单击菜单栏中"文件"—"打开文件"，或单击工具栏中按钮，系统弹出"打开文件"对话框，查找并选中所需模型文件（本例中为"手机支架.stl"）。然后单击打开按钮，在模型窗口中显示手机支架模型，如图2-70所示。

（3）平移、旋转模型。侧边工具栏在选择模型后变成可用，点击侧边工具栏最上方四向箭头按钮，可用鼠标左键拖动模型到打印区域的合适位

图2-67 新增打印机对话框

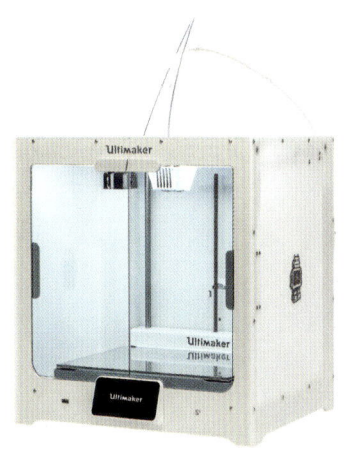

图2-68 Ultimaker S5打印机

置，此位置为实际打印时实物模型的位置。当模型的一部分超出打印范围时，模型表面会出现条纹图案，如图2-71所示。此时，需将模型移至打印范围内，保证打印可以正常进行。对话框内的X、Y、Z数值为模型相对于导入初始位置的位移。

点击左侧工具栏第三个图标："旋转模型"时，弹出"重置""放平""选择要与构建板对齐的面"按钮，按钮下方有等距旋转复选框（默认选中），同时模型四周出现三个带有箭头的圆（图2-72），表示模型可沿此三个方向进行旋转。圆形的颜色与垂直于X、Y、Z的方向对应：红色为YOZ（垂直于X轴）平面，绿色为XOZ（垂直于Y轴）平面，蓝色为XOY（垂直于Z轴）平面，在圆形上单击鼠标左键并拖动，即可在对应方向上旋转模型。如想恢复初始位置，可单击"重置"按钮。"放平"按钮将Z轴方向上的位移归零。模型在XOZ平面上逆时针旋转30°后位置如图2-73所示。

左侧工具栏第四个图标为模型镜像。单击模型镜像按钮，在模型周围会出现6个箭头，颜色与镜像方向对应（图2-74）：红色箭头为X轴方向，绿色箭

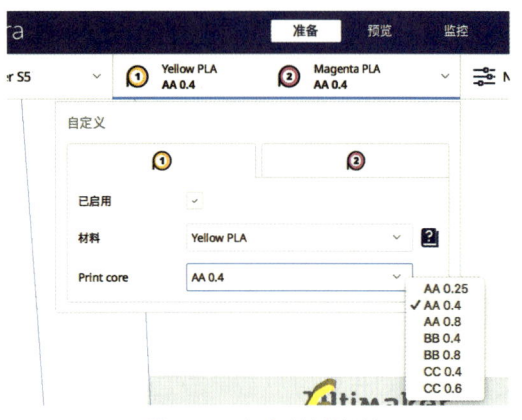

图2-69　打印材料的选择

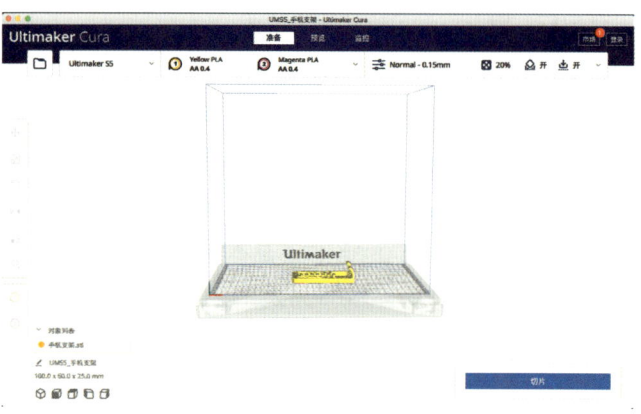

图2-70　导入STL模型

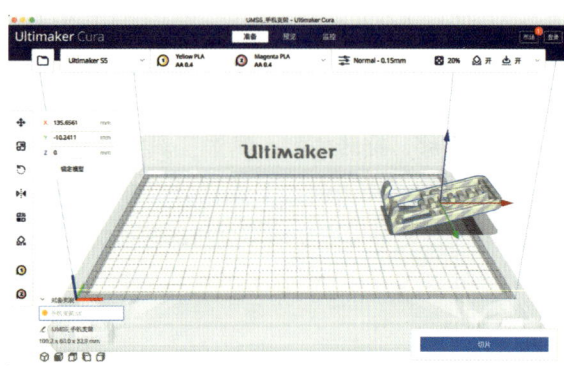

图2-71　STL模型位置超出打印机范围

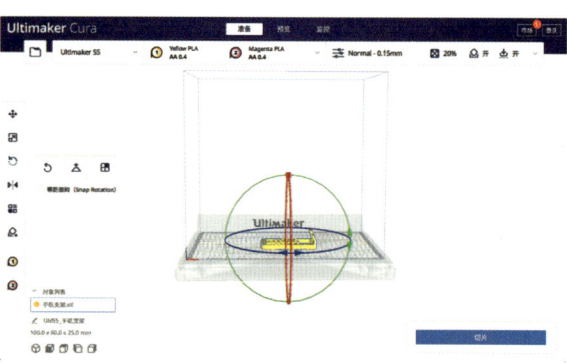

图2-72　STL模型的旋转

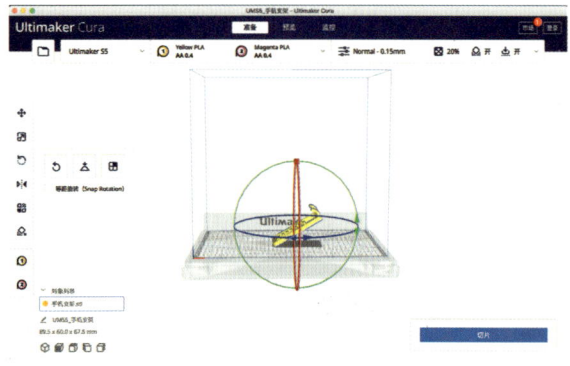

图2-73　逆时针旋转30°后的手机支架STL模型

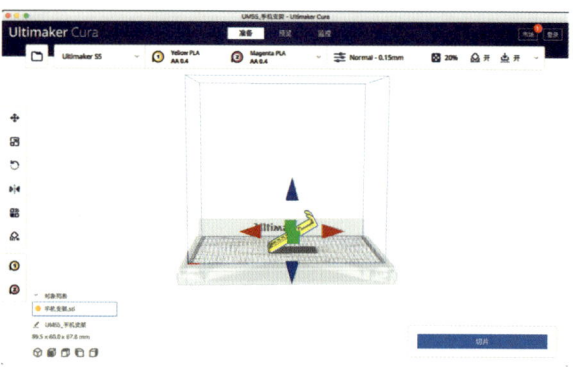

图2-74　STL模型的镜像

头为Y轴方向,蓝色箭头为Z轴方向,代表在此三个方向上模型可做镜像处理。单击箭头,模型即沿箭头方向进行镜像。如图2-75所示为模型沿X轴方向向左镜像。

(4)预定义视图。软件中在菜单栏以及模型信息栏给出了一些标准的预定义视图,以便用户对模型进行观察。选择菜单栏中"视图"—"摄像头位置",在下拉菜单中出现可供选择的预定义视图:3D视图、正视图、顶视图、仰视图、左视图、右视图,或在模型信息栏内单击预定义视图图标即可转换视图。模型信息栏内预定义视图自左至右分别为:3D视图、正视图、俯视图、左视图、右视图。模型各视图如图2-76所示。模型信息栏中显示此手机支架的实际尺寸为:89.5mm×60.0mm×67.8mm。

(5)设置打印参数。水平工具栏最右侧为设置打印参数栏,单击可弹出打印设置对话框(图2-77)。Ultimaker Cura软件预置的打印配置文件有Extra Fine(0.06mm)、Fine(0.1mm)、Normal(0.15mm)和Fast(0.2mm)四种,精细程度递减。其中,注重视觉效果可选Extra Fine、Fine或Normal,工程类可选Fine和Normal,快速打印草稿可选Fast。在使用过程中,用户可根据打印需求对预置的打印配置文件进行更改。本例中选择Normal配置文件进行说明。

第一项"质量"决定了打印成品的视觉精细程度。层高为每层打印的高度,对于Normal文件,层高为0.15mm。层高值越大,打印速度越快,分辨率越低,表面越粗糙;层高值越小,打印速度越慢,分辨率越高,表面越精细。走线宽度的值为单一走线宽度,一般与喷嘴宽度对应,稍降低此值可产生更好的打印效果。"墙"选项标签内的壁厚为水平方向的壁厚度,值越大,壁越厚。壁厚值除以壁线宽度得到壁数量。壁走线次数与壁厚及走线宽度有关。此例中壁厚1.0mm,走线宽度0.35mm,需3次走线才能完成打印,所以壁走线次数为3。水平扩展为应用到每一层的多边形的偏移量,正值可补偿过大的孔洞,负值可补偿过小的孔洞。

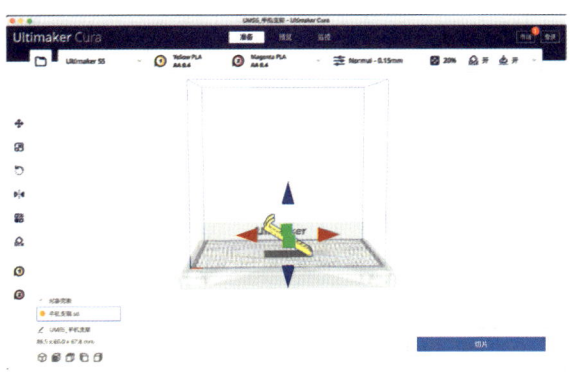

图2-75 手机支架STL模型向左镜像

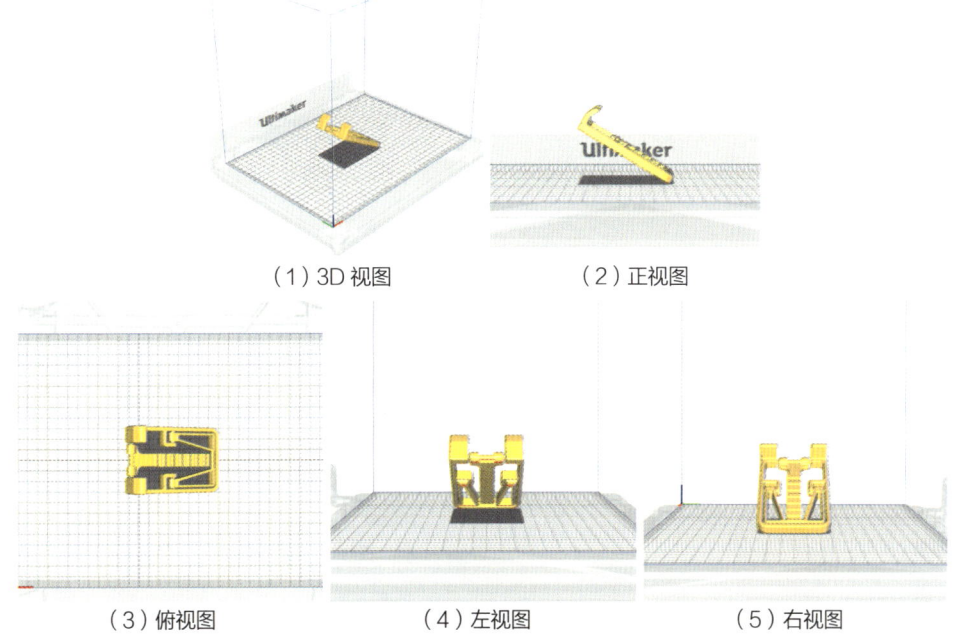

(1)3D视图　　(2)正视图

(3)俯视图　　(4)左视图　　(5)右视图

图2-76 手机支架模型各预定义视图

"顶/底层"选项卡主要定义了打印成品的顶/底层厚度。该值除以层高就是顶、底层的层数。本例中设置顶、底层厚度均为1.0mm，由于在"质量"选项卡中设置层高为0.15mm，需打印7次才能达到1mm，所以顶部层数和底部层数均为7（图2-78）。

增材制造中，除了需要打印表层壳体（墙），部分打印件也需要打印内部填充。从物理力学角度分析，内部填充体可使打印件更牢固，但填充密度会影响耗材用量、打印时间等，从而影响打印成本。因此，需根据打印件的力学性能要求设置合适的填充密度和填充图案（图2-79）。填充密度为打印时向空腔的空间内打印材料的体积比。当密度为0时，无需打印填充物；密度为100%时，打印件为实心件。Ultimaker Cura软件提供了多种填充图案选择，包括网格、三角形、内六角、立方体、八角形、四面体、交叉、同心圆、螺旋二十四面体等，可在节省耗材和打印时间的基础上尽可能在各个方向上提供更均衡的强度分布。如图2-80所示，分别是打印密度为60%的三角形填充、打印密度为60%和10%的网格填充。

打印温度和打印平台温度根据所选耗材材料而定，对于PLA，打印温度为200℃，平台温度可定为60℃。打印核心刚喷出的材料仍有较高温度，可选择开启打印冷却，风扇速度可通过"冷却"选项卡调整。

增材制造FDM熔融沉积技术的原理是将材料加热熔化，一层一层堆积，直至模型最终成型。打印立体模型时需要考虑重力带来的影响。虽然在增材制造过程中，材料经过熔化后，会出现一定的黏附性，但

图2-78　设置打印参数（顶/底层）

图2-77　设置打印参数（质量、墙）

图2-79　设置打印参数（填充、材料、速度）

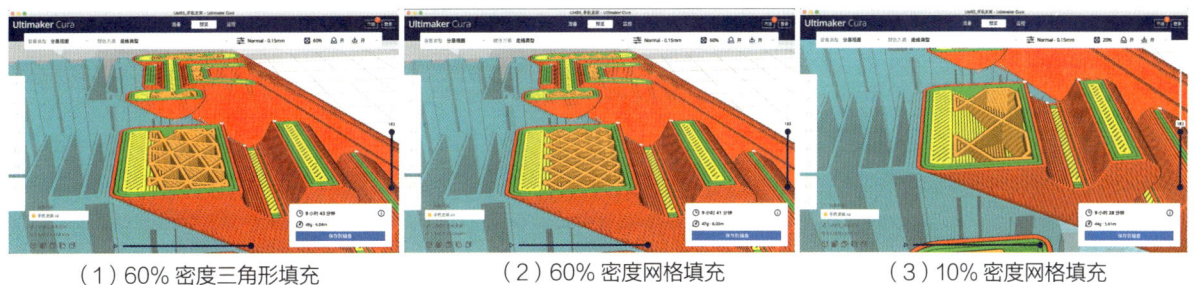

(1) 60% 密度三角形填充　　　　(2) 60% 密度网格填充　　　　(3) 10% 密度网格填充

图2-80　不同打印填充形状和填充密度

是处于大于45°夹角部分的材料也有可能在没有完全固化之前因本身的重力而坠落，从而导致打印失败。所以在设置增材制造参数时，需根据模型的形态考虑需要何种支撑。通常，对于上小下大的简单模型，可不加支撑。而对于部件较多、结构复杂、重心分散或有悬空结构的模型，则需要添加支撑。

Ultimaker S5可选择将支撑使用另一个打印核心和另一种材料进行打印。支撑材料可选用易于去除的Breakaway材料和水溶性PVA，以简化后处理。支撑放置对话框用于调整支撑结构的放置，可设置为支撑打印平台或全部支撑。当选择全部支撑时，底部在模型表面的支撑结构也将被打印。设置支撑悬垂角度时，0°代表需打印所有支撑，90°代表无需打印支撑。实际打印中可根据形态选择处于两者之间的角度（图2-81）。

"打印平台附着"选项卡用于选择打印平台附着类型及使用哪个打印核心进行打印（图2-82）。"打印平台附着类型"是Ultimaker Cura软件为增材制造模型提供的底部附着物选项，有Brim、Skirt及Raft三个选项。具体表现为增材制造机会根据用户设置的打印平台附着类型在模型底部（即第一个打印层）生成一圈或一层附加打印物，以防止模型翘边或测试增材制造效果。其中Brim为默认选项。设置打印平台附着类型为Brim时，增材制造机会在模型的第一层产生一圈环绕的边缘附着物［图2-83（1）］；Skirt模式下，会在模型底部打印一圈与模型保持一定间隔的线状裙边［图2-83（2）］；Raft则会先打印一层有顶板的网格底座，像是一条船搭载着3D模型［图2-83（3）］。

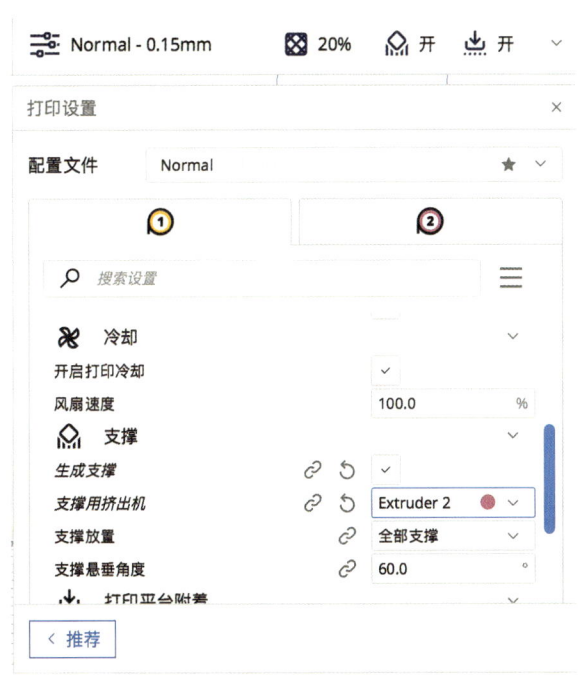

图2-81　设置打印参数（冷却、支撑）

图2-82　设置打印参数（打印平台附着）

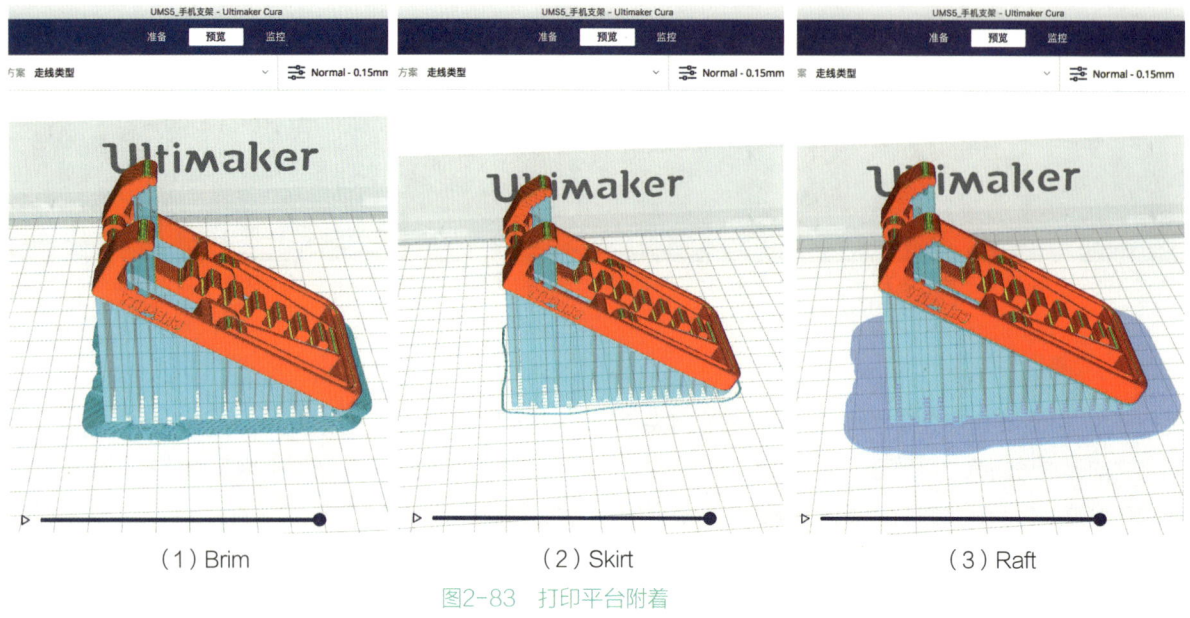

| （1）Brim | （2）Skirt | （3）Raft |

图2-83　打印平台附着

三种打印平台附着类型可根据以下情况进行选择。

①选择Brim的情况。ABS材质在熔融堆积时更易发生翘曲，打印ABS材质的3D模型设置Brim作为打印平台附着类型很有必要。打印较薄、较小或较窄的3D模型时，需要用到Brim，以增加底部的附着面积。在使用PLA材料打印3D模式时，可酌情考虑设置Brim选项作为预防性措施来提升打印成功率，而且清理PLA材质的边缘附着物相对简单。打印需要细小支撑物的大件3D模型时，可以设置Brim来支撑这些支撑物。

②选择Raft的情况。Raft也适用于ABS材质的增材制造。在打印底部有较多细小（如腿）或轻薄（如叶片）部位的3D模型时，设置Raft有利于提升底部的附着性和整体的稳定性。

③选择Skirt的情况。Skirt适用于制作任何增材制造模型，主要目的是在开始打印模型主体前调试挤出机并检测任何可能存在的问题，以尽量减少失败的增材制造所带来的时间与材料的浪费。

（6）切片。Ultimaker Cura软件最重要的一个功能就是按照打印设置将模型切片，然后进行连接打印或导出切片文件。点击左下角的切片按钮，软件按照设置好的配置文件将导入的模型进行切片。切片完成后，界面左下角出现打印所需时间、打印所需耗材重量及耗材长度。并可选择在软件中进行打印预览，或将切片文件保存。通过视图切换栏可切换至预览视图，模型窗口显示切片后的模型（红色）以及支撑结构（蓝色）(图2-84)。如果模型有错误，则在表面出现散点状图案。

对于不同旋转角度和位置的同一个模型，在其他参数相同的情况下，其支撑结构、打印时间及耗材用量也会有很大差异。如图2-84（1）所示，展示了旋转30°和平放的手机支架模型的支撑结构、打印时间及耗材用量的差异。所以，在保证打印质量的前提下，需选择合适的位置以获得更短的打印时间及更少的耗材用量。

预览视图最右侧黑色线条显示了切片层数，滑动实心圆滑块可观察每一层打印的图形（图2-85为183层的打印情况），以及支撑、填充的打印情况。确认无误后，即可开始打印或保存切片文件。

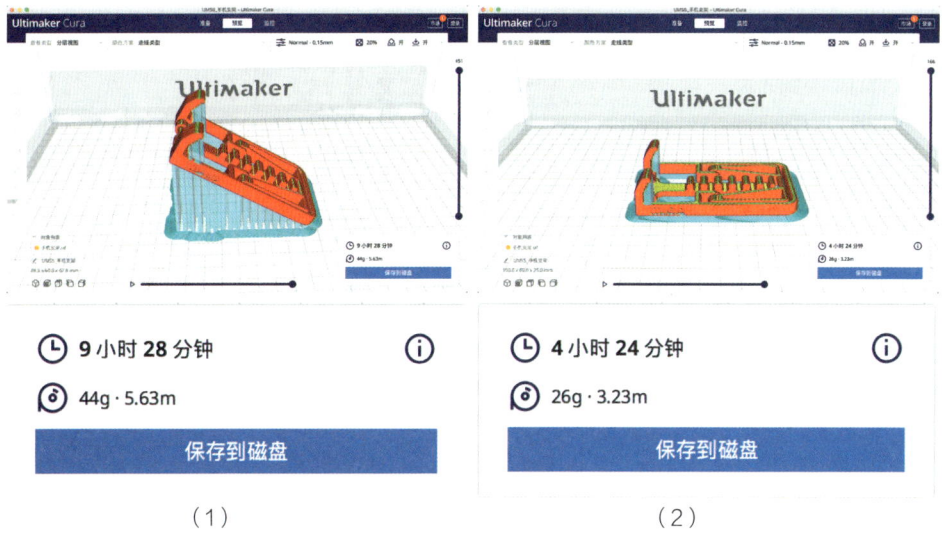

（1）　　　　　　　　　　　　　（2）

图2-84　切片后预览视图下不同角度摆放的手机支架模型及打印信息

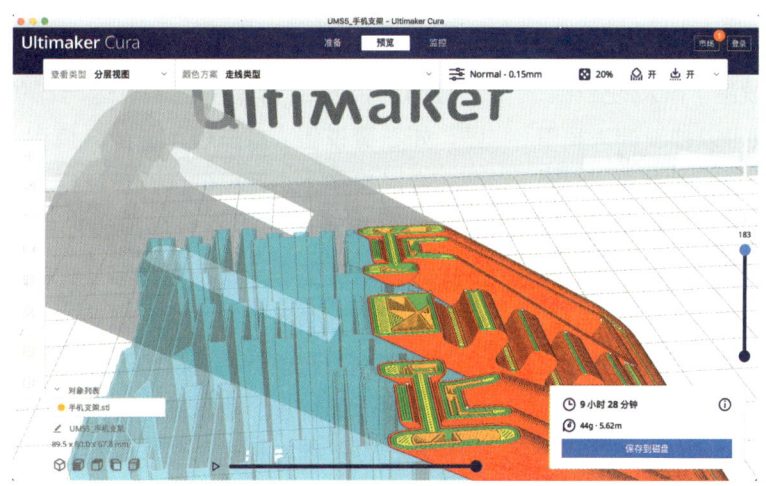

图2-85　预览视图中第183层的打印图案

? 思考题

1. 什么是增材制造技术？增材制造技术与传统机械加工的区别是什么？
2. 增材制造技术的技术特点有哪些？
3. 增材制造技术的工艺流程是什么？
4. 增材制造技术的典型工艺有哪些？分别有什么工艺特点？
5. 增材制造技术可以应用于哪些方面？

第三章
虚拟雕刻技术

3

课件

第一节　传统建模技术

近年来,随着计算机技术特别是虚拟现实技术的发展,工业设计建模技术也发生了很大的变化。现如今的计算机建模过程不仅可以被设计人员看到、听到,甚至可以被"触摸"到,这就极大提高了建模工作的效率。在这样的背景下,有必要对工业造型设计中的建模技术加以研究,以期使设计师在造型设计中得到有益的启发。

与工业造型设计活动的变革同步,建模技术也发生了巨大的变化,主要经历了3个阶段:草图阶段、实体模型阶段和计算机辅助建模阶段。每个阶段的发展都对工业设计建模工作做出了突出的贡献,各有各的特点,但同时也存在一定的局限性。

(1)草图阶段。工业设计与工程设计人员最初在图纸上绘制各种产品的工程视图,通过诸如主视图、俯视图、左视图、右视图、局部视图以及剖视图等多种视图来表达他们的设计思想。通过国家规定的各种绘图标准,工程人员能使各种设计的表达方法统一起来以便于交流沟通。这种产品表达方法的缺点是制图耗时、效率低下、精度不高、传达性和可视性差等。自从计算机辅助设计(CAD)技术出现以后,虽然如AutoCAD等二维工程图设计软件的应用能够帮助设计师们提升设计工作的效率和效果,但二维视图的效果始终无法与实体模型相媲美。

(2)实体模型阶段。实体模型的出现,使设计师们拥有了更直观的工具来表达和传递自己的设计创意和灵感。设计师可以用各种设计与工程材料制成的实体模型来表达自己的设计意图,如石膏模型、橡皮模型、塑料模型、木制模型、金属模型、油泥模型以及玻璃钢模型等。这些模型的优点是可以充分展现设计构思和创新点,可以对造型作品进行定性描述。设计师在制作模型的过程中可以不断进行修改和完善,引发设计冲动,加速设计构思。但是定量性差、准确度低、设计周期长、成本高是传统手工实体模型的缺点。设计师要想用传统手工模型来完成一项造型设计任务,通常要花费几个月,甚至几年的时间。

(3)计算机辅助建模阶段。随着计算机与虚拟现实技术的发展,CAD技术与多媒体技术得到了有机结合,人们也在不断地提高人机界面综合技术,从而使各种虚拟产品造型技术得到了广泛应用。

目前常用的各种三维CAD建模软件(通用建模)也属于虚拟现实的范畴。使用它们在计算机中所构建的产品数字模型虽然是触摸不到的,却能够被看到,因此可以称它们为可视虚拟模型。

(4)通用建模技术的优缺点。工业设计人员使用通用建模软件设计构建的是产品造型的可视化虚拟模型,它通过计算机屏幕的显示,从视觉上展现给人们一种虚拟三维模型。CATIA、UG、Pro/E、SolidWorks等三维实体建模软件可以设计虚拟的三维造型,能够自动计算出它们的物理性质,如质量和容积等；还可以高效地创建各种视图，包括剖视图。但这些建模软件在创建曲线和曲面上的自由度不大，并且建模过程较为烦琐，要熟练使用它们，设计师必须花费大量的精力和时间来学习。近年来出现的Alias、Rhino和3DMax等三维造型设计软件，在设计效率、操作方法和曲面设计上都有了很大提高。它们忽略了一些细节，减少了对于建模的种种限制，注重产品的造型设计，便于进行造型创新，将传统CAD的精确性和以曲线、曲面为基础的弹性做了完美结合。

然而，可视虚拟模型却存在一个缺点，那就是任何时刻呈现在设计者面前的都只是模型的一个视图，造型设计只停留在平面上和视觉的三维上，而无法让人们全方位地去"感受"设计作品。另外，CATIA等通用建模手段基本上是把设计人员头脑中已有的、基本成型的产品设计方案借助各种CAD系统表达出来，确实提高了产品设计开发阶段的生产效率与质量，但同时却将设计人员束缚在键盘和鼠标上，不利于进行产品创新设计。设计师在整个造型设计过程中把大量时间花在造型的表达上，而没有更多的时间去思考和发掘新的创意。这在一定程度上使设计成了一种简单的初级模仿，从而限制了设计师积极性与创造性的发挥。而且，在通用建模的过程中，设计师与其设计作品进行交互的信息只有两类：视觉信息和听觉信息。设计师在计算机屏幕上可以看到数字模型的形态，有时也可以通过计算机发出的声音进行一些判断。然而，在这一过程中却失去了人与自然交互的一类非常重要的信息——触觉信息。在通用建模过程中，设计师无法触摸到虚拟的模型，不能获得触觉信息的反馈，也感受不到模型的存在。

第二节　虚拟雕刻技术

虚拟雕刻技术甩掉了设计师与造型之间的距离感，它利用力反馈和触觉反馈技术使设计师能够像在现实中雕刻一块泥土一样进行建模；它彻底改变了人机设计界面，首次使用了可触虚拟模型，允许设计师在形态与功能之间制作出充满智慧和富有创意的作品，而无需再受传统模型制作工具的重重限制。这使得产品建模设计得到了突破性的发展，人类对造型设计的认知也进入了一个新的起点。

一、力反馈技术

在虚拟现实系统中，人们对视觉和听觉的应用研究已经取得了较大的进步，但对触觉的研究却相对滞后，而力反馈技术正是一种实现虚拟触觉的技术。触觉对造型设计的重要性不言而喻，比如在寒冷的冬天我们很难用冻僵的手将零部件组装起来，这正是由于冻僵的手失去了部分触觉的缘故。

所谓力反馈（Force Feedback），实际上是一种虚拟现实技术，它运用先进的技术手段将虚拟物体的空间运动变成周边物理设备的机械运动，使用户能够体验到真实的力度感和方向感，从而提供一种崭新的人机交互界面。通俗讲，力反馈实际上就是运用"作用力与反作用力"的原理来欺骗人们的触觉，达到传递力度和方向信息的目的。

在通用建模工具中加入力反馈装置，设计师在进行造型设计时就可以得到触觉的感受，这样可以极大提高建模系统的沉浸感和交互性，提高造型设计的效率，有利于设计师进行创造性设计（图3-1）。

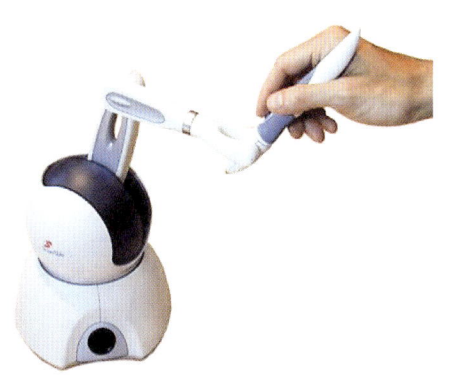

图3-1　力反馈设备

二、虚拟雕刻体系结构

虚拟现实，特别是力反馈技术的发展给人们带来了极大的希望。在工业设计以及工程建模领域，人们期望建模软件能更人性化、更便于操作。在建模的过程中不但能够看到、听到屏幕上的数字模型，而且可以"触摸"到这个模型，并且感觉到它的存在，甚至希望计算机屏幕上的那个模型能像实际中存在的黏土一样放在面前。这样的话，设计师就可以拿起刻刀听从大脑的指挥随意雕刻，而不需要限制于键盘或鼠标。这样的建模系统就称为"虚拟雕刻系统"，其结构框图如图3-2所示。

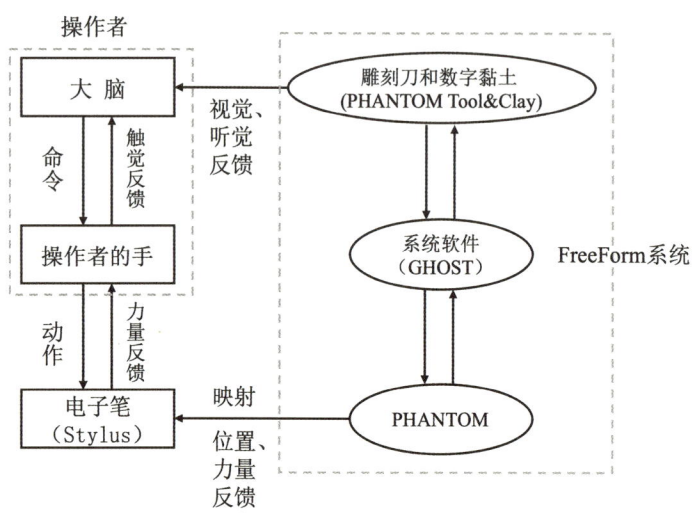

图3-2 虚拟雕刻系统结构框图

虚拟雕刻系统是一个触觉信息循环反馈的闭环系统，包含着虚拟环境与现实环境两者之间双向的信息传递。在该系统中，操作者的大脑向手发出各种动作命令，手便根据来自大脑的命令做出不同的手势动作或各种操作。手的动作启动力反馈到装置的操作杆或其他的传感器，传感器便将手的动作数据传递给计算机。计算机就根据一定的算法来指挥虚拟手或者雕刻刀的运动，这样就可以在屏幕上看到虚拟手或雕刻刀的运动。这是现实中的操作传递给虚拟环境的过程。

与此同时，计算机对虚拟手或雕刻刀与虚拟物体进行碰撞检测，而后将位置、方向和力量信号反馈给数据手套或操作杆。数据手套和操作杆根据这些信息启动触觉执行机构，通过施加不同形式的物理作用（如按摩动作、运动阻碍等），使用户能够感受到各种触觉感知。这是虚拟环境向现实环境反馈触觉信息的过程。

三、虚拟雕刻系统的特点

虚拟雕刻系统在工业造型设计中的特点主要表现在以下几个方面。

（1）以灵活简便的功能取代复杂的电脑程序。虚拟雕刻系统基于虚拟现实和力反馈技术，采用自然的交互方式，给人一个逼真的创作环境，使设计师在创建概念模型时像真的拿起刻刀进行雕刻一样。在虚拟空间中利用一系列工具（包括刀片、直犁刀、刮刀等）对黏土进行雕刻和造型。

（2）开启计算机与设计师之间设计理念的交流之门，使用实体、类比界面来创建一个直观、可调度的数字模型。虚拟雕刻系统消除了"2D绘图"与"3D产品设计"之间的鸿沟，补充了实体模型的不足，甚至取代实体模型；它可以让设计师自由地在3D的环境里进行创作，就如同用纸或笔在2D的平面上设计一样。工程师可以直接在草图、2D绘图、扫描完成的模型或是3D工程图上做设计，迅速且方便地创造出概略的模型及概念。例如，FreeForm系统可轻松导入和导出2D及3D行业标准格式，包括OBJ、STL、PLY、ZPR、IGES曲线、Parasolid、JPG以及其他格式。

（3）允许设计师获得形态与功能的理想平衡。可以让设计师制作出充满智慧和富有创意的作品，充分体现了以功能优化形态的特色。其与所有工具和技术之间自然的互动，使得设计师可以创作出他们想要的设计。使用细节处理工具将设计理念变成现实，实现无限制拖动黏土、制作脊状、浮雕图案以及使黏土变形。使用全套选择和移动功能来重新定位、对齐及分离设计。使用全套尺寸控制功能来创建更准确的设计。

（4）激励探索与反复思考创建难以数字化描述的理想作品。使设计师能够摆脱传统计算机建模的各种工具和规则的束缚，在计算机上挖掘潜能，充分发挥想象力，设计出理想的作品。

第三节　Geomagic FreeForm虚拟雕刻系统

目前，市面上有较为成熟的虚拟雕刻系统，3DSystem公司的Geomagic FreeForm系统就是其中典型的例子。

Geomagic FreeForm是3D触觉式设计系统，其产品家族包括Geomagic Sculpt、Geomagic FreeForm和Geomagic FreeForm Plus三种，系统包含了Geomagic Touch设备和FreeForm软件平台。它能够让设计者在电脑上利用触觉就能完成3D模型设计与建构的计算机辅助设计系统。它就好像通过触觉去雕刻黏土一样，可以雕刻设计任何形态的三维造型，再结合电脑CAD的功能，让使用者能够快速且随心所欲地创造出自己想要的模型。

Geomagic FreeForm是市场上业界最全面的有机混合设计软件，可用于解决复杂、精确的设计和制造挑战，还能完成现有扫描到打印或CAD到制造工作流程中富有挑战性的任务。

Geomagic FreeForm系列虚拟雕刻产品可创建雕刻形状，特别是精确契合人体的产品；添加在CAD中难以实现或无法实现的美学和功能性细节；确保设计可用于增材制造、减材制造或成型制造；从手工制作过渡到具有直观力反馈界面的数字设计。

为了实现彻底的自由表达，让建模过程更加便捷，Geomagic FreeForm与Touch™和Touch X™触觉式力反馈设备配合使用可以为数字世界增加触感，并在虚拟环境中提供自由运动和真实的雕刻体验。这种与3D设计展开交互的直观方式缩短了学习曲线，极大加快了设计进程。此外，Geomagic FreeForm还支持用于扫描数据导入的主要网格文件格式和用于选择扫描仪的实时扫描。

FreeForm虚拟雕刻系统（FreeForm Modeling System）采用机械式的手臂，经过这个手臂的移动和旋转，带动计算机屏幕上的刀具移动和旋转（图3-3）。当刀具接触到要雕刻的素材时，会有一个力量反馈到手臂上，让操作者有"触摸"到模型的感觉。

FreeForm引入计算机3D模型设计与制作的触

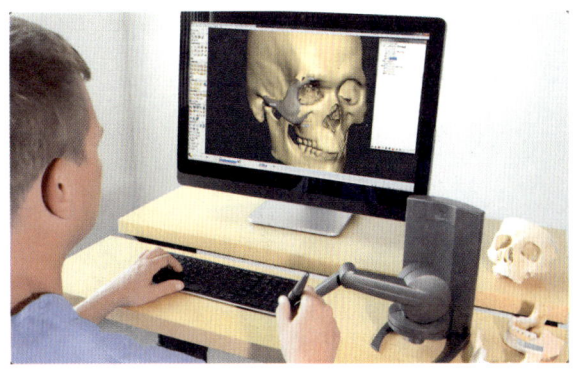

图3-3　FreeForm虚拟雕刻系统

感，彻底改造人机交互接口和设计界面，允许设计师在形态与功能之间制作出充满智慧和富有创意的作品，而无需受任何传统三维模型制作工具的限制。

FreeForm虚拟雕刻系统完全摆脱了一般3D设计软件的限制，设计师不需要继续在复杂的电脑程序——数学方程式、鼠标与键盘指令或程序化的方法等的阻碍下工作，而是系统地提供给用户与真实世界互动的最基本方式——"触觉"。设计师可以通过敏锐的触感，同预想的模型进行直接和自然的互动。例如，一个像恐龙一样复杂的三维数字模型，设计师30分钟就可以解决问题，大大缩短了传统3D设计软件的制作周期，设计人员将拥有更多的时间和精力投身于真正的挑战，将更多的创意转变为高品质的产品或工艺作品。

同时，FreeForm虚拟雕刻系统也将实体建模功能带入了数字设计领域。这样一来，工业设计人员便可以通过一个自然的、类比的互动过程获得一个珍贵的数字化三维模型。通过简单、直接的触觉互动，加上精确、细微的触觉控制，使得设计师能够随心所欲地将他们的设计理念和美感赋予充满智慧和富有创意的精品之作。世界各地的工业设计师们已经渐渐发现FreeForm虚拟雕刻系统给众多行业领域带来了积极影响，从工业产品设计、玩具设计与游戏角色设计、礼品设计与鞋子设计，到家用电器设计、电子产品设计与交通工具及内饰设计，再到旅游产品设计、陶瓷设计与精美的工艺品设计，都因FreeForm虚拟雕刻系统的应用而使设计过程变得快捷而方便。

一、FreeForm系统的组成部分

FreeForm系统由力反馈设备、系统软件及处理对象组成。

1. 力反馈设备——Geomagic Touch以及Geomagic Touch X

3D Systems触觉式力反馈设备集成真实的三维导航和力反馈触感到Geomagic FreeForm和Geomagic Sculpt三维建模系统以及科研与商业应用中。3D Systems触觉式力反馈设备能准确测量三维空间位置（利用X轴、Y轴和Z轴）和手持式触控笔的方位（上下翻动、左右晃动和侧向移动），图3-4为Geomagic Touch X力反馈设备。

当触觉式力反馈设备用在Geomagic设计和虚拟雕刻环境中，设计师能与3D模型互动，并感知模型，就像在物理黏土上设计一样。交互式的黏土雕刻工具就像在真实世界雕刻一样，使三维设计更加直观。当光标与虚拟空间的三维模型交互时，

图3-4　Geomagic Touch X力反馈设备

3D Systems获得专利的触觉式力反馈设备巧妙使用电机产生动力，推动设计师的手去模拟触感。3D Systems力反馈设备能根据模型提供3个自由度（DOF）或6个自由度（DOF）的力反馈。设备上的电子笔可以在空间的三个方向进行移动和旋转，当接触到数字黏土的表面时，电子笔会对手的运动产生一种微小的阻力，让操作者感觉到接触到了物体；当移动电子笔在黏土上进行雕刻的时候，电子笔也会对手产生或大或小的阻力，使操作者感到是真正在进行雕刻。

2．系统软件—FreeForm、FreeForm Plus和Geomagic Sculpt

Geomagic Sculpt是入门级的快速精准三维虚拟雕刻软件，能为传统CAD无法实现的产品——雕塑、珠宝和艺术品轻松创建自由流畅的有机设计。Geomagic Sculpt操作可通过标准鼠标或3D Systems触觉式力反馈设备实现，此设备以最直观的方式为增材制造和制造业创建功能性美观产品。

FreeForm系列软件是业界最全面的自由造型有机3D工程工具，结合基于触觉的3D雕刻设计、曲面造型、设计意图建模、三维扫描处理、CAD互操作性和模具制造使用。这些特色功能可以用来创建复杂的、雕刻式的、可生产的3D模型，快速对接增材制造或减材制造。软件有两种类型：Geomagic FreeForm和Geomagic FreeForm Plus，与3D Systems Touch力反馈设备搭配使用。

3．处理对象——数字黏土

数字黏土是FreeForm系统处理的对象，操作者在屏幕上看到的操作效果都是由数字黏土表现出来的。FreeForm将用户的各种操作的运算结果反映为屏幕上数字黏土的变化，带给操作者更有效、更精确以及更有趣的工作体验。

二、FreeForm系统的意义

FreeForm虚拟雕刻系统开启了工业设计界新的建模方式，给广大设计人员带来了新的更加方便直观地创意体现方式，实现了设计从视觉、听觉到触觉的跨越。它的意义主要体现在以下几个方面。

1．加速从草图到模型的转换

可以从绘画和制图软件中导入2D文件；可以从2D曲线生成3D模型；提交完整的3D模型，避免了多个2D图像的混乱局面。

2．在设计环节创建成本低廉的3D设计

能够创建、修改和装饰泥土模型；使用熟悉的2D工具、使用现实世界表达法、体验触觉反馈。

3．降低了修改平面图、模型和原型所需的成本

直接编辑一个独立模型，无需通过多个平面图来描述产品设计；可根据设计需求，在制作实物原型和细节模型之前对模型进行提前处理。

4．快速提高生产效率

拥有直观、人性化的人机交互界面；具备触觉和真实3D导航功能；可导入和修改现有的3D模型。

5．具备渲染功能

拥有预置材料库，提供了多种材料供用户使用；可自由设置透明度、光泽、亮度和反光性；可自由选择直接、间接和普光源，以及光线的色调和质量；可调节场景阴影，营造逼真效果；具备业内顶级的Mental Ray渲染器。

6．定位和动画

可互动摆放模型；可通过连接节点来定义结构；可将球体或关节自由放置在需要的位置；能够创建QuickTime虚拟现实动画。

三、FreeForm系统的应用

Geomagic FreeForm在各个行业得到广泛的应用（从大规模、定制产品到高度精细、精致和手工艺性产品），包括产品设计和制造、医疗保健、工艺品、玩具业等，并发展为设计、生产阶段不可或缺的工具之一。欧美的Disney、McDonald、Hallmark、Hasbro，日本的Bandai、MIC，中国香港的Mattel、Unitec、WingMau等著名公司都将其在产品设计中广泛应用。

以FreeForm虚拟雕刻系统制作工艺品、玩具的概念原型为例，Geomagic FreeForm可创建快速设计，并在数分钟时间内实现复杂模型的快速迭代，不仅能极大地提升生产力，也缩短了设计生产流程，节省了生产成本。使用这套系统，会比原

本以传统模式（需要四至五个月的时间）节省超过一半的时间，并最终以数字化的数据传输给予确认修改，传送给后续制模程序，导入生产。如此数字化的过程，从设计、修正到定案生产、推出市场的时间节省了将近五成，成本也减少超过50%。

虽然Geomagic FreeForm并非医疗设备，但其MultiVox功能可从医疗和工业CT机中导入数据，处理数据并将数据用于设计，将假肢和修补物（O&P）的传统手工制作转化为数字化流程。设计高度个性化、契合度更好、更轻巧且更坚固的定制假肢和修补物。通过精确、可运用多种材料的工程级制造流程，实现手工制作创新和个性化。为定制医疗植入体等应用创建功能性融合器。

四、虚拟雕刻系统与逆向工程技术

如前文所述，逆向工程技术是一门从样品（实物）到三维数字模型再到产品的先进技术，即首先通过数字化测量仪器获取样品的表面数据信息，然后通过专门的逆向工程软件进行数据处理和模型重构，最后通过STL文件输出到快速成型机生产出快速模型产品。

能否模型重构或者重构后所获得的实物几何模型的质量直接受制于数据采集的情况。传统的逆向软件如Geomagic Wrap、Imageware等在表面重建方面功能强大，精度很高，但是数据修复的功能有限。如果其中缺失了部分特征点的话，这类软件就无法进行数据修复和模型重构。这就要求进行数据采集的时候必须尽量做到全面测量，保证数据的完整性，才能获得高质量的数字模型。

光学扫描是目前逆向工程中表面数字化的主要方法。使用光学扫描仪测量时，受模型表面反光、遮挡和操作人员操作水平等因素的影响，模型的一些细节特征的扫描结果不是很理想，容易造成部分特征点的丢失，导致无法进行最后的重建工作，或者得到的三维模型失真。虽然现在出现了方便测量且精度很高的便携式激光扫描仪，显著提高了测量速度，但仍可能遇到测量数据丢失的问题，于是不得不进行多次扫描，降低模型重建的效率。

基于力反馈技术的FreeForm虚拟雕刻系统的出现显著提高了对测量点数据处理的功能。FreeForm由于其独特的功能，简单方便的操作，结合到逆向工程中可以有效解决在数据处理中所遇到的上述问题。运用FreeForm中的分割黏土、膨胀、镜像、平滑等功能，可以方便地对所测量到的数据进行修复。

五、虚拟雕刻应用案例

虚拟雕刻技术独特的雕刻操作及有机数字成型技术有助于在软件中快速制作复杂、精致的有机三维形状。配合3D建模工具，可较为容易地制作出用于原型制造或产品制造的三维模型设计。

1. 应用虚拟雕刻及增材制造技术帮助受伤的企鹅走路

有了全新3D打印鞋的帮助，非洲企鹅Purps又可以重新走路了。这只企鹅在与其他企鹅扭打的时候脚踝受伤，无法正常行走。现在，它穿着灵活结实的特制靴（图3-5），在走路和游泳时与其他企鹅没有任何不同。

为了制造Purps的特质靴，设计者先使用3D Systems Capture 3D扫描仪扫描现有的产品。然后将收集到的数据输入Geomagic Sculpt进行修改和定制。最后使用3D Systems的多材料增材制造机，将靴子整个打印出来。增材制造获得的靴子重量很轻，比原来的产品更耐用。

2. Geomagic FreeForm自由造型设计改进糖果生产工艺

Deltavorm公司从1948年开始便已从事糖果冲

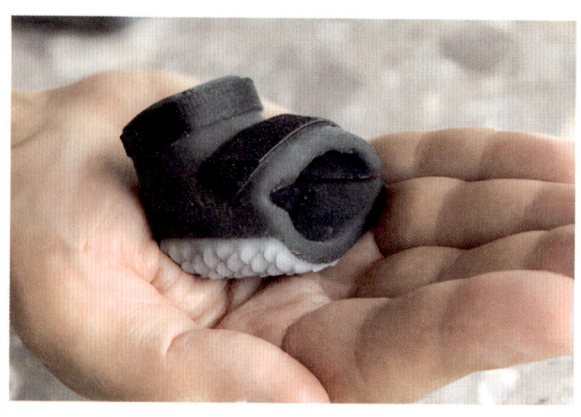

图3-5　利用虚拟雕刻和增材制造技术制造的企鹅用靴子

模的制作（图3-6）。自公司成立起直至三年前，所有冲模的制作全部由手工完成，通常使用石膏作为材料。为了实现工序的自动化，公司购买了扫描仪及CAD设计软件。通过扫描手工雕刻的图形，相关数据即可导入CAM软件包中以便进行铣削，但未能实现节约设计时间的目的。后来公司将Geomagic FreeForm引入生产流程之后，设计师可以迅速准确地利用软件完成图形的雕刻，然后直接从扫描的手绘图中建立3D模型，当图形设计确定下来后，设计图形数据便能直接进入CNC铣床加工出样品，然后寄给客户。此时，客户可以通过实验室试验检测，获取反馈数据。

3. Geomagic FreeForm、3D扫描和增材制造修复巨嘴鸟喙

2015年，在哥斯达黎加中部的一个农场，一只受伤严重的巨嘴鸟被人发现。当时它的上喙被折断，导致它无法进食，生命垂危。

3D Systems团队使用扫描数据处理软件Geomagic Wrap将受伤巨嘴鸟的鸟喙结构扫描数据转换成基于特征的CAD模型，然后将这些数据导入3D有机设计软件Geomagic FreeForm中做恢复建模设计，再使用三维检测软件Geomagic Control检测匹配度。模型设计好后，再使用3D Systems增材制造机打印出来，使用的材料是DuraForm的尼龙增材制造材料（图3-7）。

 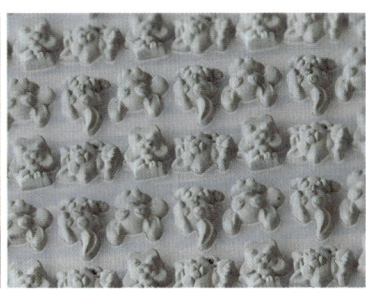 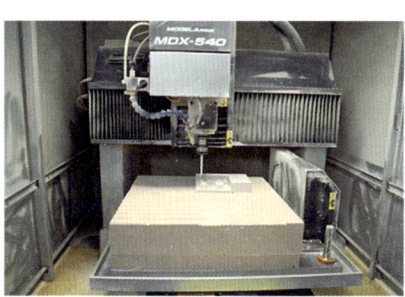

图3-6　Geomagic FreeForm和CNC协作制作糖果样品

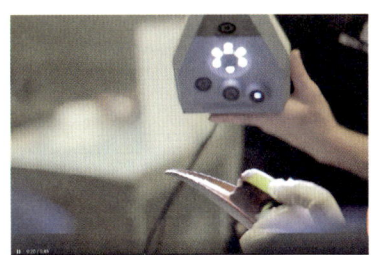 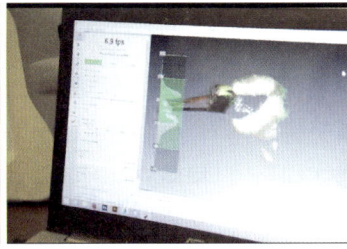 

图3-7　Geomagic FreeForm、3D扫描和增材制造修复巨嘴鸟喙

思考题

1. 什么是虚拟雕刻技术？它与普通计算机三维建模软件建模有何区别？
2. 简述虚拟雕刻技术的特点和应用意义。

第四章
手板模型制作

课件

4

手板就是在新产品没有制作模具之前,根据新产品的外观图纸或结构图纸先制作出的一个或少量的用来检查外观、结构合理性以及功能测试的功能样板。在设计流程中,手板模型制作是重要的环节。它不仅对产品设计决策起着十分重要的作用,更是产品信息保密及市场推广的有力工具。因此,了解手板的制作对于成功开发产品至关重要。

第一节 手板模型简介

早期的手板模型因为受到各种制作工艺条件的限制,主要表现在其大部分工作都是用手工完成的,使得制作手板模型的工期长而且很难严格达到外观和结构图纸的尺寸要求,因而其检查外观、结构合理性以及功能测试的功能也大打折扣。随着科学技术的进步以及计算机技术的发展,计算机辅助设计(CAD)和计算机辅助制造(CAM)技术得到快速发展,为手板模型制造提供了更加优良的技术支持,使得手板模型的制作精度提高成为可能。另一方面,随着社会竞争的日益激烈,产品的开发速度逐渐成为竞争的主要矛盾,而手板模型的制造恰恰能有效提高产品设计开发的速度。正是在这种情况下,手板模型的设计制造便脱颖而出,成为一个相对独立的行业而蓬勃发展起来。

手板模型的分类多种多样,下面进行简单概括。

1. 按照制作的方式分类

手板模型按照制作的方式分类,可分为手工手板模型和精密手板模型。来源主要有:采用快速成型技术制造出的零件;采用数控加工技术制造出的零件;采用快速模具技术制造出的零件;采用手工技术制造出的零件;实物零件;以光固化增材制造原型,采用消失法制造出的零件;采用等材制造技术制造出的零件;采用低压灌注技术制造出的零件;采用数码累积成型技术制造出的零件;采用高速切削成型技术制造出的零件。

手工手板模型的大量工作都是用手工完成的,早期的手板模型大多属于这种类型。精密手板模型又分为数控(CNC)手板模型和激光快速成型手板模型。CNC手板模型主要是用数控加工中心生产出来的手板模型;激光快速成型手板模型主要是用激光快速成型技术生产出来的手板模型。激光快速成型手板模型与CNC手板模型各有千秋。激光快速成型手板模型的优点主要表现在它的快速性上,但是它主要是通过堆积技术成型,因而激光快速成型手板模型一般相对粗糙,而且对产品的壁厚有一定要求,如壁厚太薄便不能很好地生产。CNC手板模型的优点体现在它能精确反映图纸所表达的信息,而且CNC手板模型表面质量高,尤其在其完成表面喷涂和丝印后,甚至比制作模具后生产出来的产品还要光彩照人。因此,CNC手板模型制造越发成为手板模型制造业的主流。

2. 按照制作手板所用的材料分类

手板模型按照制作手板所用的材料分类，可分为塑胶手板模型、硅胶手板模型和金属手板模型。塑胶手板模型的原材料为塑胶，主要针对一些塑胶产品的手板模型，比如电视机、显示器、电话机等；硅胶手板模型的原材料为硅胶，主要用来制作展示产品设计外形的手板，比如汽车、手机、玩具、工艺品、日用品等；金属手板模型的原材料为铝镁合金等金属材料，主要针对一些高档产品的手板模型，比如笔记本电脑、高级单放机、MP3播放机、CD机等。

3. 按应用范围分类

（1）功能性验证产品。利用手板作为功能性验证产品，有以下几个方面的优势。

①可检验外观设计。手板不仅是可视的，而且是可触摸的，它可以很直观地以实物的形式把设计师的创意反映出来，避免了"画出来好而做出来不好"的弊端。因此手板制作在开发新产品和推敲外形的过程中是必不可少的，如图4-1所示为外观手板模型。

②可检验结构设计。因为手板是可装配的，所以它可直观反映出结构合理与否、安装的难易程度等，便于尽早发现问题并解决问题，图4-2为功能测试手板模型。

③避免直接开模具的风险。由于模具制造的费用高、时间长，用几个月制作一套模具费用达数十万元乃至几百万元的情况十分常见，如果在模具做好并试制出产品后才发现问题，需要修改产品，那么做好的模具就浪费了，这将导致在时间、金钱、商机上的巨大损失。在制模试生产前先做手板，针对暴露的问题修改设计，改后再做手板，如此循环直至设计基本定型时，再制模生产，可有效节省研发时间、节约成本，并降低试制风险。

④有利于快速反应把握商机。可以在模具尚未开发、产品尚未定型生产前，就利用手板开始产品的宣传，甚至做好前期的销售和生产准备工作。

（2）仿真模型。用手板作为仿真模型，可作以下用途：极品收藏；报样；实物展品；个性化服务实用件。

用手板作为实用件，可作以下用途：停产产品的复活；小批量生产。

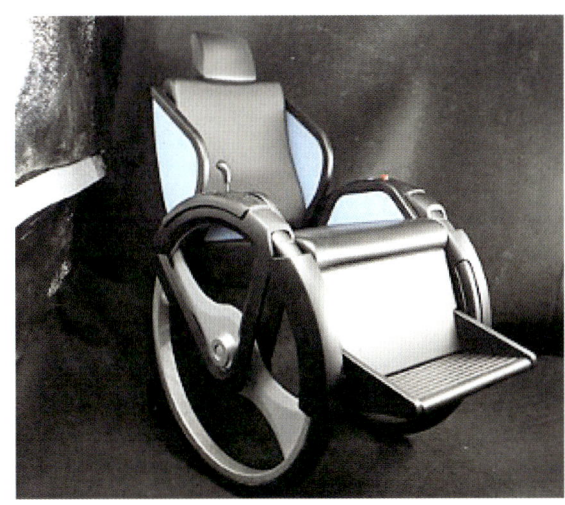

图4-1　外观手板模型

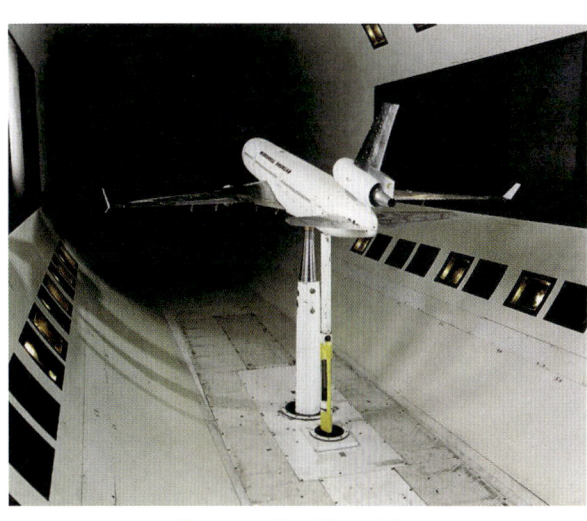

图4-2　功能测试手板模型

一、传统手工手板模型

过去,传统手板模型制作手法由于技术与工艺条件的限制,手板模型的制造主要用手工完成。材料多用容易成型的黏土、油泥、石膏、玻璃钢、木材、瓦楞纸、ABS塑料、泡沫塑料等,其尺寸精度低,主要表现实物形态,对制造人员的手工技艺要求高,目前在产品的创意阶段和精度要求不高的建筑模型中应用较多(图4-3)。

二、快速制造手板模型

在手板制造行业里,由设计理念转变为实物的快速制造称为敏捷制造或快速反应制造。手板快速制造方法分为三大类。

(1)减材制造法:高速切削加工——无须转化,可直接用于实物,如数控产品等。
(2)快速成型法:叠加成型、沉积成型、增材制造等。
(3)等材制造法:铸造、模具浇注、锻造等。

通过这三种快速制造工艺生产出来的手板模型,其表面都会出现一些机械加工的痕迹,比如毛刺、堆积等,属于装配前半成品,需要经过人工或机械的再次加工才可以作为成品。再次加工是指零件的后处理。

增材制造工艺在理论上说应该是最好的手板模型制造方法,如图4-4所示为增材制造的手板模型。快速成型工艺的类型很多,但基本思想是一致的,利用CAD模型,把零件分为若干层面制造,再利用黏合剂进行粘接。这就导致层内加工精度高,层与层之间精度低,特别是在浅平面处误差大。手板模型制造中以SLA技术应用最广泛。SLA成型机的加工能力按体积计算,单个成型尺寸小,许多大尺寸零件无法加工,生产企业也很难承受大型SLA成型机手板模型。另一方面,光敏树脂与常用材料差异很大,限制了模型的着色加工。其他快速成型工艺(如FDM,SLS技术)因生成的材料有空隙,多在精度要求不高的手板模型制造中应用。LOM制造方法的分层精度较低。

图4-3 传统手工手板模型

图4-4 增材制造手板模型

三、数控（CNC）手板模型

随着数控技术的发展，许多原来不能加工的细微结构，现在都能用数控加工来完成。CNC手板模型（图4-5）因为采取在整块材料上挖掘生产的方法，不但精度高、刚度好，而且材质一致，真实感强，表面质量可以达到很高的水平。在抛光、喷砂、喷漆、丝印、喷釉、电镀等后续加工后，制造出的效果完全可以同模具生产的产品相媲美。

目前，随着产品开发水平的提高，对手板模型企业提出了更高的要求：手板模型生产的范围更广，成套的组件模型装配需要对模型的精度提出更高要求；喷涂、上金等后续加工要求对手板模型表面质量提出更高要求；产品开发周期短，留给手板

图4-5　CNC手板模型

模型生产企业的时间更短。如何在激烈的市场竞争中快速高效的完成模型生产，是所有手板模型生产企业面临的重大课题。

第二节　手板模型的作用

手板模型的作用主要体现在以下四个方面。

1. 检验外观设计

外观设计包括色彩、美观性、触感等软性指标。手板模型不仅可以被视觉感知，还能通过触觉进行检验，直观地呈现设计师的创意。通过实物展示，有效避免了"画出来好看而做出来不好看"的问题。

2. 检验结构设计

因为手板模型是可装配的，所以它可直观地反映出结构的合理性，安装的难易程度，便于功能评估，以便及早发现问题，解决问题。

3. 避免直接开模具的风险性

由于模具制造的费用一般很高，比较大的模具价值数十万元乃至几百万元，如果在开模具的过程中发现结构不合理或其他问题，其损失可想而知。而手板模型制作则能避免这种损失，减少开模的风险性。

4. 使产品面世时间大大提前

由于手板模型制作的超前性，可以在模具开发出来之前利用手板模型为产品进行宣传，甚至前期的销售、生产准备工作都可以用手板帮忙，使产品能及早占领市场。

手板还可以拓展其应用，满足商业实际运作，比如报样、招标、预测市场、单一制造以及获得同一品种不同外观等，以获取上市前最后的定型。

第三节　手板模型常用材料

手板的来源广泛，使用材料、加工的方法不尽相同。常用手板材料包括减材制造的原料（如各种金属材料、非金属材料）、光固化增材制造的原料（如光敏树脂等）、翻模制造的产品原料（AB料）等。

1. 高分子反应型化学材料

高分子反应型化学材料俗称AB料，分真空注型用料、常压浇注用料、低压注型用料等。由于是反应型化学材料，其分子结构与热塑性材料有着本质上的区别，所以反应型化学材料都冠以"类XX"之名，比如F-33为"类ABS"。

常用高分子材料有以下几种。

（1）类ABS：用于一般产品外壳的制作，具有

较高的强度，可以表面电镀。

（2）类PMMA：即有机玻璃。具备良好的透明性，不适于在有受力、承重要求的条件下使用。

（3）类PP：耐冲击性佳，柔韧性优异，可应用于耐冲击条件严格的制件。

（4）类PC：为强度、韧度均佳的材料。

2. 金属材料

（1）铝镁合金、铝、铝合金、钛合金等质轻、强度高的材料。其缺点是成本较高。

（2）金属粉末。金属粉末目前有不锈钢粉末、铜粉末等。

3. 特种材料

特种材料需满足以下两种要求：一是适合单色光透的零件制造（光学特性材料）；二是具备导电性。

4. 热塑性材料

热塑性材料一般是数控加工时所采用的材料，常见的有ABS树脂板料和棒料、PP或PC等热熔性塑材等。

5. 其他材料

陶泥、油泥等。

第四节　数控手板模型制作流程

第一步　编程：编程人员分析3D数据（图档），编写控制数控加工中心的程式语言。

第二步　CNC加工：将程式语言输入计算机控制加工中心，执行程式命令。

第三步　手工处理：整修加工以后的产品，主要完成的内容有校对数据、清除毛边、粘接、打磨抛光等。

第四步　表面处理：完成效果图中的各种表面效果，常用的有喷漆、丝印、电镀，特殊的有镭雕、阳极氧化、拉丝等。

第五步　组装：表面处理完成以后，就是装配问题以及数据检测。当然，在表面处理之前一般应先进行试组装。

第六步　包装：对最终检测过的产品进行包装。

以上步骤只是一个大致流程，根据每个公司规模以及管理的不同，步骤有增有减。比如规模较小的公司可能不会进行产品的包装，也不会对数据进行检测；管理严格的公司会进行多次质检工作，会对每个步骤的完成进行检测。

第五节　手板模型的后处理工艺

作为产品设计时常用的手板模型，有两个作用：第一是结构验证；第二是展览展示。制作展览展示的手板模型的表面处理很重要，现在此介绍几种表面处理工艺。利用现代物理、化学、机械、电子、激光技术、热处理、纳米技术等学科的融合性、复合性、叠加性新技术来改变零件表面的状况和本质，使之与零件本体材料进行强强优化结合，以期达到预定技术要求的工艺方法，称为表面后处理。

增材制造手板表面后处理技术有多种分类方式，主要按以下三种方式来分类。

1. 按处理方式分类

按处理方式可分为去除类后处理和涂覆类后处理两大类。

2. 按处理目的分类

按处理目的可分为以下几种。

（1）表面光洁后处理，如打磨、抛光等。

（2）表面着色后处理，如单色、套色等。

（3）表面修复后处理，如当手板表面有气孔等缺陷时，采取相应材料进行修补。

（4）表面装饰后处理，如手板描绘等措施。

（5）表面镶嵌后处理。手板必要时可镶嵌其他材料。

（6）表面强化后处理。采用电化学镀膜复合强化工艺加强表面强度，或采用添加背衬、内嵌金属强化部件等方法加强整体结构强度。

（7）特殊要求后处理，即按客户要求进行的表面处理。

3. 按处理工艺分类

（1）手工后处理：主要为手工打磨，使用锐利、坚硬的材料，磨削较软的手板材料表面，使手板达到技术指标。

（2）基于设备的后处理：借助机器设备、专业机械打磨工具，达到对零件表面进行改善的目的。

一般来说，如果没有特殊要求，那么经过专业的后处理工艺后，手板就可以达到设计标准。如果对手板零件有延伸其功能的要求，那么专业的后处理人员就必须掌握常用的零件表面后处理方式。常用的零件表面后处理方式包括打磨工艺、涂覆工艺、喷漆工艺等。

这些工艺在手板零件表面后处理时可能单独出现，也可能叠加复合出现。在进行零件表面后处理时，处理零件的工艺是按技术要求定制的，所以在既定的工艺安排下，以最短的时间、最精确的尺寸、最精美的外观、最佳的手感，实现最佳理念、最佳创意，使零件在经过后处理工艺后以最完美的姿态出现，这就是手板表面后处理的理念和目的。

经过机器加工出来的手板模型表面往往不能满足直接使用的需要，此时就需要对手板模型进行表面后处理。手板模型表面后处理的常用工艺有：水转印工艺、表面拉丝工艺、电镀（水镀、真空镀）工艺、移印工艺、热转印工艺、喷砂、丝网印刷、焊接、抛光、表面氧化等。

水转印工艺

水转印工艺是利用水的压力和活化剂使水转印载体薄膜上的剥离层溶解转移，其基本流程为：

①膜的印刷：在高分子薄膜上印上各种图案。

②喷底漆：许多材质必须涂上一层附着剂，如金属、陶瓷等，若要转印不同的图案，必须使用不同的底色，如木纹基本使用棕色、咖啡色、土黄色等，石纹基本使用白色等。

③膜的延展：让膜在水面上平放，并待膜伸展平整。

④活化：以特殊溶剂（活化剂）使转印膜的图案活化成油墨状态。

⑤转印：利用水压将经活化后的图案印于被印物上。

⑥水洗：将被印工件残留的杂质用水洗净。

⑦烘干：将被印工件烘干，温度要视素材的素性与熔点而定。

⑧喷面漆：喷上透明保护漆保护被印物体表面。

⑨烘干：使喷完面漆的物体表面干燥。

水转印技术有两种：一种是水标转印技术；另一种是水披覆转印技术，前者主要完成文字和写真图案的转印，后者则倾向于在整个产品表面进行完整转印。披覆转印技术（Cubic Transfer）是使用一种容易溶解于水中的水性薄膜来承载图文的技术。由于水披覆薄膜张力极佳，很容易缠绕于产品表面形成图文层，产品表面就像喷漆一样得到截然不同的外观。披覆转印技术可将彩色图纹披覆在任何形状的工件上，为生产商解决立体产品印刷的问题。曲面披覆也能在产品表面加上不同纹路，如皮纹、木纹、翡翠纹及云石纹等，同时也可避免一般板面印花中常现的虚位。且在印刷流程中，由于产品表面不需要与印刷膜接触，可避免损害产品表面及其完整性（图4-6）。

图4-6 水转印处理的产品

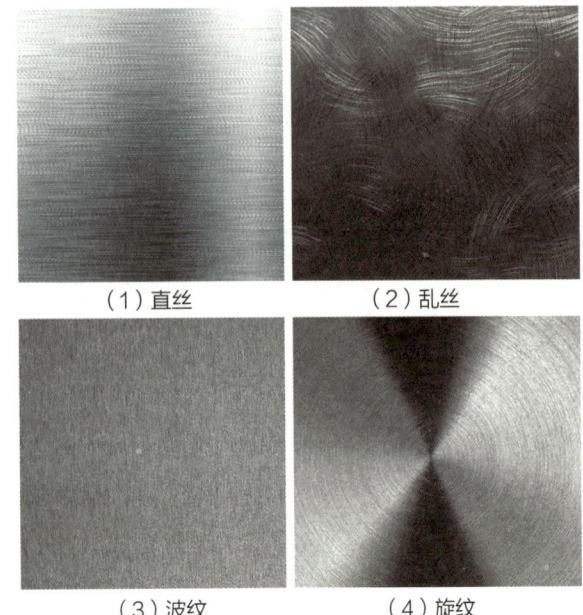

（1）直丝　　　　（2）乱丝

（3）波纹　　　　（4）旋纹

图4-7 金属拉丝效果

合金的表面拉丝工艺

拉丝工艺是通过对工件表面进行研磨，使工件表面产生线纹，起到装饰作用。拉丝能充分体现金属质感，使金属表面具有镜面般的金属光泽（图4-7）。根据表面效果的不同，可以分为直丝（发丝纹）和乱丝（雪花纹）两类。根据拉丝效果的要求，不同工件表面尺寸及形状的选择，可分为手工拉丝和机械拉丝两种。丝纹类型的优劣具有较强的主观性，由于用户对表面线纹的要求不同，对线纹效果的喜好也不同，因此必须采用拉丝样板，以达到用户满意的效果。圆弧（弧面与直面交接处拉丝不均匀）和漆面均不宜拉丝。

直丝是指在铝板表面用机械摩擦的方法加工出直线纹路。它具有刷除铝板表面划痕和装饰铝板表面的双重作用。直纹拉丝有连续丝纹和断续丝纹两种。连续丝纹可用百洁布或不锈钢刷通过对铝板表面进行连续水平直线摩擦（如在有装置的条件下手工技磨或用刨床夹住钢丝刷在铝板上磨刷）获取。改变不锈钢刷的钢丝直径，可获得不同粗细的纹路。断续丝纹一般在刷光机或擦纹机上加工制得。制取原理：采用两组同向旋转的差动轮，上组为快速旋转的磨辊，下组为慢速转动的胶辊，铝或铝合金板从两组辊轮中经过，被刷出细腻的断续直纹。

乱丝是在高速运转的铜丝刷下，使铝板前后左右移动摩擦所获得的一种无规则、无明显纹路的亚光丝纹。这种加工，对铝或铝合金板的表面要求较高。

波纹一般在刷光机或擦纹机上制取。利用上组磨辊的轴向运动，在铝或铝合金板表面磨刷，得出波浪式纹路。

旋纹也称旋光，是采用圆柱状毛毡或研石尼龙轮装在钻床上，用煤油调和抛光油膏，对铝或铝合金板表面进行旋转抛磨所获取的一种丝纹。它多用于圆形标牌和小型装饰性表盘的装饰性加工。

螺纹纹路的制作可通过以下方法实现：使用一台在轴上装有圆形毛毡的小电机，将其以约60°的角度固定在桌面上靠近边沿处。另外做一个装有固定铝板的拖板，在拖板上贴一条边缘平直的聚酯薄膜用来限制螺纹的间距。通过毛毡的旋转与拖板的直线移动，在铝板表面生成宽度一致的螺纹纹路。

电镀（水镀、真空镀）工艺

电镀是指在含有欲镀金属的盐类溶液中，以被镀基体金属为阴极，通过电解作用，使镀液中欲镀金属的阳离子在基体金属表面沉积出来，形成镀层的一种表面加工方法（图4-8）。电镀利用电极通过电流，使金属附着于物体表面，其目的在于改变物体表面的特性或尺寸。镀层性能不同于基体金属，具有新的特征。根据镀层的功能分为防护性镀层、装饰性镀层及其他功能性镀层。

电镀一般分为湿法电镀和干法电镀两种。湿法电镀就是平常所说的水镀，干法电镀就是平常说的真空镀。水镀是通过电极法，使镀层金属产生离

图4-8　塑料电镀制品

子，置换附着到镀件表面；而真空镀是利用高压、大电流，使镀层金属在真空的环境下，瞬间汽化成离子，再蒸镀到镀件表面。水镀的镀层附着力好，后期不需要其他处理；真空镀镀层附着力较差，一般需要在表面使用PU料或者UV料。PC料不可以电镀；复模件不可以水镀，只可以真空镀。水镀颜色较单调，常见的水镀金属有铬、镍、金等，而真空镀可以解决七彩色的问题。水镀前必须保证制件的表面效果，先使用高目数的砂纸打磨，然后抛光，之后才可以进行水镀，因此水镀的制件一般价格较高；真空镀对表面要求稍低，因此真空镀制品也相对比较便宜。

电镀工艺过程：一般包括电镀前预处理，电镀及镀后处理3个阶段。

对电镀层的要求：

（1）镀层与基体金属、镀层与镀层之间，应有良好的结合力。

（2）镀层应结晶细致、平整、厚度均匀。

（3）镀层应具有规定的厚度和尽可能少的孔隙。

（4）镀层应具有规定的各项指标，如光亮度、硬度、导电性等。

移印工艺

移印（曲面印刷），指用一块柔性橡胶，将需要印刷的文字、图案，印刷至含有曲面或略为凹凸面的塑料成型品的表面。移印的工作过程是先将油墨放入雕刻有文字或图案的凹版内，随后将文字或图案复印到橡胶上，再利用橡胶将文字或图案转印至塑料成型品表面，最后通过热处理或紫外线光照射等方法使油墨固化（图4-9、图4-10）。

移印机适用行业：塑料业、玩具业、玻璃业、金属业、电子业、体育用品、文具业、光学业、IC封装业等。

移印机适用范围：尺、笔、球形物、手表、照相机、吹风机外壳、陶瓷、医药器具、球拍、录音带、电子零件、电子产品外壳、按键等。

图4-9 移印机

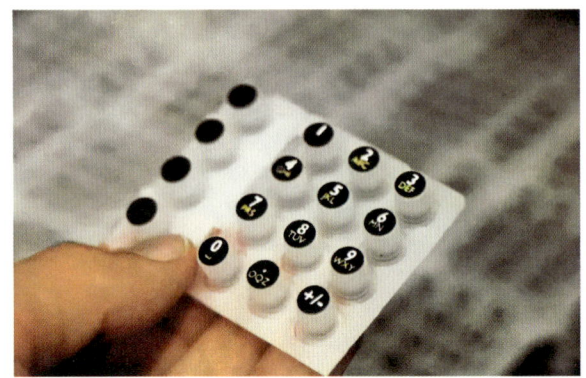

图4-10 移印制品

热转印工艺

热转印工艺是将花纹图案印刷到耐热性胶纸上，通过加热、加压，将油墨层的花纹图案印到成品材料上的一种技术。即使是多种颜色的图案，由于转印作业只是一个流程，故客户可缩短印刷图案作业时间，减少由于印刷错误造成的材料（成品）损失。利用热转印膜印刷可将多色图案一次成图，无需套色，简单的设备也可印出逼真的图案。

热转印设备用于装饰铝形材、各类金属板材，可达到木制品或大理石的效果。热转印设备是根据热升华原理工作的，它能在3～5分钟内将所需要的木纹或大理石纹快速转印至铝形材粉末涂层表面，并可渗透涂层内部40～60μm。

平板热转印生产工艺，一是用裁膜机将热转印纸卷裁成所需尺寸；二是将热转印纸膜附在工件表面并放在平板热转印机上；三是将平板推至平板热转印机加热区，按动压板开关，压板将热转印纸紧紧压在工件上，加热并保温一分钟；四是升起压板，将工件推至件段，去掉转印膜后，将工件取下检查。

热转印技术广泛应用于电器、日用品、建材装饰等。由于具有抗腐蚀、抗冲击、耐老化、耐磨、防火、在户外使用多年不变色等性能，几乎所有商品标签都是用这种方式制作出来的。例如打开手机壳，内部即可看到带有条码的标签。很多标签要求能经得起时间考验，长期不变形，不褪色等，故必需采用一种特殊材质打印介质及打印材料来保证这些特性，一般喷墨、激光打印技术是无法达到要求的（图4-11、图4-12）。

喷砂工艺

喷砂工艺在金属表面的应用是非常普遍的，原理是以压缩空气为动力，将喷料（石英砂）形成喷射束高速喷射到需要处理的制件表面，使制件的外表面或形状发生变化的一种后处理工艺。由于磨料对制件表面的冲击和切削作用，它能改变金属表面的光洁度和应力状态，制件的表面将获得一定的清洁度和不同的粗糙度。而一些影响喷砂技术的参数是需要留意的，如磨料种类、磨料粒度、喷射距离、喷射角度和速度等。

图4-11 热转印机

图4-12 热转印制品

图4-13 喷砂前后对比

除了喷砂处理外，抛丸处理也是其中一个很好的选择（图4-13）。

喷砂工艺分为气压喷枪和叶轮抛丸两种类型。其主要优点在于能够去除披峰，去除在压铸、冲压、火焰切割和锻压后的毛刺，对较薄工件及有毛孔的毛刺效果更好，它可清理砂铸过程残余的砂粒，清理铸铁件或钢材的锈渍，清理热处理、烧悍、热锻、辗压等热工序后的氧化皮。另外，在涂层应用上，它可以去除现有的涂料或保护层，覆盖铸件上的缺陷，如龟裂或冷纹，提供光泽的表面效果。再加上于表面应力上，它能提供一致性的粗化表面，提升上油及喷涂的附着效果。对于高应力的金属件（如弹簧和连接杆）喷砂通过圆形磨料（如不锈钢丸的高能量抛射，可实现表面变形并强化金属性能。这种强化效应通常需要在高能量抛丸机或专用喷砂机中完成。为验证表面强化效果，可对测试工件进行喷砂或抛丸处理，并测量其变形量，以判断是否符合要求。

在手板件后处理中选用喷砂工序，可清理零件表面的微小毛刺，使零件表面更加平整。喷砂还能在零件表面交界处打出很小的圆角，使零件显得更加美观、精密。喷砂还可以实现不同的反光或亚光效果。

丝网印刷

丝网印刷简称丝印，其原理是当承印物直接放在带有模版的丝网下面时，丝网印版的部分网孔能够使油墨透过，漏印至承印物上；丝网上的模版把一部分丝网小孔封住，使得油墨能穿过丝网，在承印物上形成空白。印刷时在丝网印版的一端倒入油墨，油墨在无外力的作用下不会自行通过网孔漏在承印物上，当用刮墨板以一定的倾斜角度及压力刮动油墨时，油墨透过丝网印版转移到丝网印版下的承印物上，从而实现图像复制（印刷出来的图案是凸起来的）。通常丝网由尼龙、聚酯、丝绸或金属网制作而成（图4-14、图4-15）。

丝印的优点有：成本低、见效快；能适应不规则承印物表面；附着力强、着墨性好；墨层厚实、立体感强；成色好；印刷对象材料广泛，印刷幅面大。

图4-16 抛光不锈钢

图4-14 平面丝网印刷工艺

抛光是以得到光滑表面或镜面光泽为目的，有时也用以消除光泽（消光），不能提高制件的尺寸精度或几何形状精度。抛光通常以抛光轮作为抛光工具。抛光轮一般用多层帆布、毛毡或皮革叠制而成，两侧用金属圆板夹紧，其轮缘涂敷由微粉磨料和油脂等均匀混合而成的抛光剂。在使用砂纸时，应先用略粗的砂纸，而后逐渐用更细的砂纸。应用平整的油石或其他材质压着砂纸放平使用，保证被抛光表面平整。抛光不能沿着一个方向直线抛下去，一般应以画圆的方式，从边上一点开始，慢慢地向里抛，速度一定要慢，画圆的直径越小越好，排列要紧密均匀，要勤换砂纸，防止砂纸磨透后，油石划伤制件表面。必要时，使用高目数砂纸进行精打磨，并用毡片加抛光膏抛出镜面（图4-16）。

图4-15 丝网印刷制品

喷塑

静电喷塑利用电晕放电现象使粉末涂料吸附在制件上。其过程是：粉末涂料由供粉系统借压缩空气送入喷枪，在喷枪前端加有高压静电发生器产生的高压。由于电晕放电，在其附近产生密集的电荷，粉末由枪嘴喷出时，形成带电涂料粒子，它受静电力的作用，被吸到与其极性相反的制件上去，随着喷上的粉末增多，电荷积聚也越多，当达到一定厚度时，由于粉末涂料与制件产生静电排斥作用，便不再继续吸附粉末，从而使整个制件获得具有一定厚度的粉末涂层，然后经过加热使粉末熔融、流平、固化，即在工件表面形成坚硬的涂膜，如图4-17所示为喷塑工艺。

静电喷塑的优点包括无需稀料、无毒害、不污染环境、涂层质量好、附着力和抗拉强度非常高、耐腐蚀、固化时间短、不用底漆、对工人技术要求低、粉末涂料回收使用率高。其缺点包括

超声波焊接

超声波焊接是熔接熟塑性塑料制品的高科技技术，各种熟塑性胶件均可使用超声波熔接处理，而不需要加溶剂、黏结剂或其他辅助品。其优点是增加多倍生产率、降低成本、提高产品质量。

超声波塑胶焊接的原理是由发生器产生20kHz（或15kHz）的高压高频信号，通过换能系统，把信号转换为高频机械振动，加于塑料制品工件上。振动引起工件表面及分子间的摩擦，使接口温度升高。当温度达到此工件本身的熔点时，接口迅速熔化，继而填充于接口间的空隙，当震动停止，工件同时在一定的压力下冷却定型成牢固的焊接。

抛光

抛光指利用柔性抛光工具和磨料颗粒或其他抛光介质对工件表面进行的修饰加工，一般对工件表面光洁程度要求较高时使用。

涂层很厚、表面效果有波纹、不平滑。所以只能用来加工半亚光和亮光这两种外观效果。

金属表面氧化、钝化、发黑、磷化

金属的氧化处理是指使金属表面与氧或氧化剂作用而形成保护性的氧化膜，以防止金属腐蚀的工艺。氧化分为化学氧化和电化学氧化（即阳极氧化）。

化学氧化所产生的氧化膜较薄，多孔，有良好的吸附能力，质软不耐磨，导电性能好，可着上各种各样的颜色，在其表面再涂漆，可有效提高铝制品的耐蚀性和装饰性，适用于有屏蔽要求的场合。

阳极氧化所产生的氧化膜较厚，硬度高，耐磨性能好，化学稳定性好，耐腐蚀性能好，吸附能力好，有很好的绝缘性能，绝热抗热性能强，可着上各种各样的颜色。铝和铝合金经氧化处理，特别是阳极氧化处理后，在其表面形成的氧化膜具有良好的防护性、装饰性等特性，因此，被广泛应用于航空、电气、电子、机械制造和轻工业等领域（图4-18）。

钝化可以提高金属的机械强度，增强金属与涂膜的附着力，是控制腐蚀的最有效途径之一。

现在常用的金属表面发黑（也称为发蓝）处理方法有传统的碱性加温发黑和常温发黑两种。发黑所得保护膜呈蓝色或黑色，提高了金属表面的耐腐蚀能力和抗拉强度，并且可以作为涂料的良好底层（图4-19）。

金属表面磷化就是用锰、锌、铁等金属的正磷酸盐溶液处理金属，使金属表面生成一层不溶性磷酸盐保护膜的工艺。磷化处理后生成的保护膜可以提高金属的绝缘性和耐腐蚀性，提高制件的防护和装饰性能，还可以作为涂料的良好底层（图4-20）。金属表面磷化处理方法分为冷磷化（常温磷化）、热磷化、喷砂磷化、电化学磷化等几种。磷化处理在汽车工业中是对汽车覆盖件、驾驶室、车厢板等涂漆零件进行涂前处理的主要方法，要求磷化膜细密、平滑、均匀、厚度适中，并且具有一定的耐热性。

如果对于手板还有一些特殊要求，则可采用其他工艺，如表面封蜡、化学腐蚀、保护膜面、局部复合面后处理；高压嵌入、挤压、雕刻机堆塑浮雕工艺；车、铣、钻等辅助工艺；复合粘接工艺等。

图4-17　喷塑工艺

图4-18　阳极氧化铝材

图4-19 表面发黑的金属件处理　　　　　　图4-20 磷化金属件的处理

第六节　手板模型制作的教学实例

一、手板模型制作实践任务一——制作汽车外观手板草模

绘制汽车三视图，并选择合适的材料和工具将该产品制作成外观手板草模。

1. 选择合适的材料和工具

选择高密度泡沫板作为内芯，表面涂覆油泥进行塑形。选择油泥雕刻工具作为主要塑形工具，美工刀、木棒作为辅助塑形工具。选择木块作为模型底座（图4-21、图4-22）。

图4-21　制作手板模型的油泥（左）和高密度泡沫板（右）

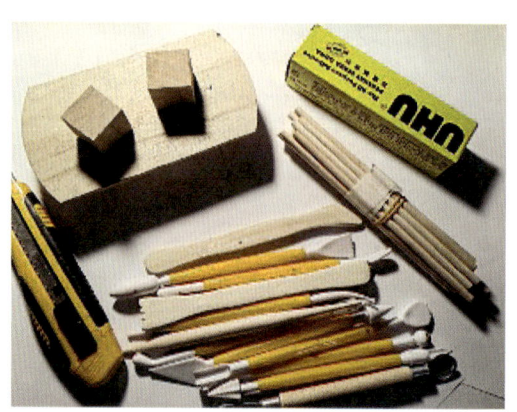

图4-22　制作模型用工具

2. 制作三视图

绘制三视图，按照比例制作实物卡板，为外观塑形做准备（图4-23）。

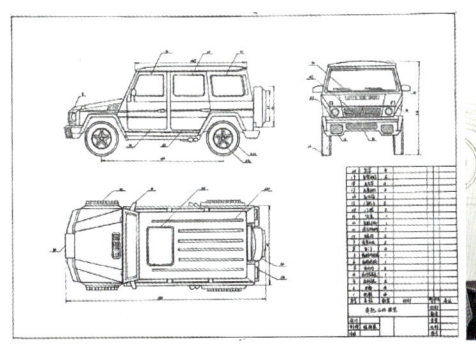

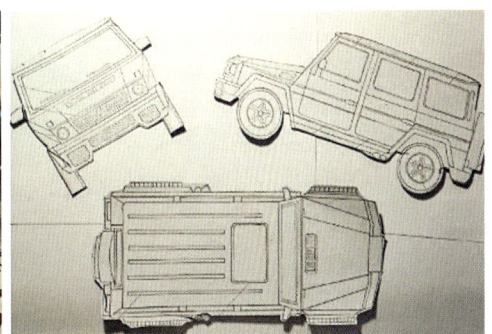

图4-23 汽车三视图

3. 制作

（1）按照三视图切割泡沫块并拼接、打磨，打磨后的泡沫块要比最终模型小，为涂覆油泥留出空间（图4-24）。

图4-24 切割、打磨泡沫

（2）涂覆油泥（图4-25）。　　　　　　　　（3）修整形态（图4-26）。

图4-25 涂覆油泥　　　　　　　　　　　　　图4-26 修整形态

（4）细节刻画（图4-27）。

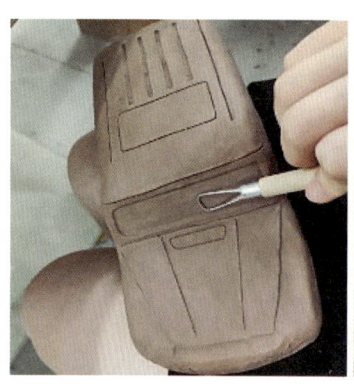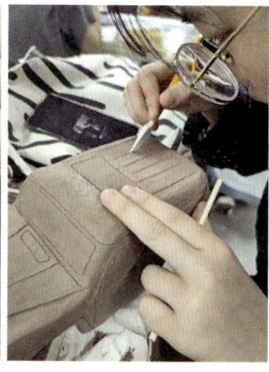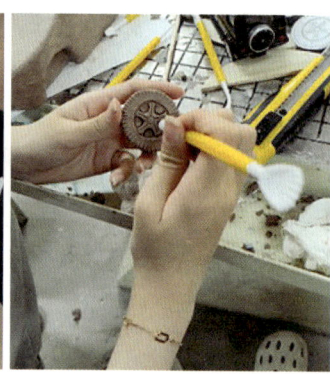

图4-27　细节刻画

（5）外观手板模型草模展示（图4-28）。

图4-28　外观手板模型草模展示（学生桂羽佳、赵慧敏制作）

二、手板模型制作实践任务二——制作鼠标外观手板模型

利用计算机三维建模软件制作鼠标的数字模型并导出三视图，选择合适的材料和工具将该产品制作成外观手板草模。

1. 选择合适的材料和工具

鼠标体量较小，需要刻画一定的曲面和结构细节。选择陶泥作为手板材料，配套陶泥塑形工具。使用砂纸进行打磨后处理，使用白色喷漆、色粉和丙烯颜料进行上色后处理（图4-29～图4-31）。

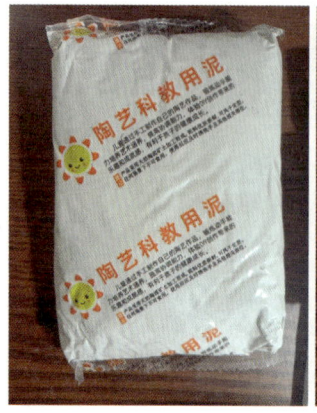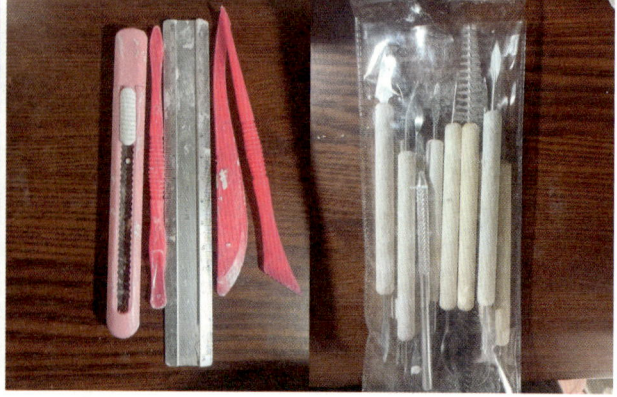

图4-29　制作手板模型的陶泥（左）和陶泥塑形工具（右）

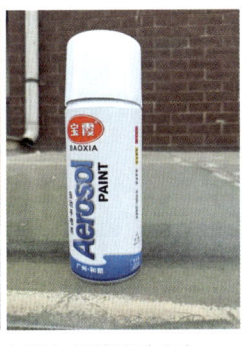
图4-30 砂纸（左）和白色喷漆（右）

图4-31 丙烯颜料（左）和色粉（右）

2. 三维软件建模制作三视图

利用犀牛软件建模，绘制三视图，按照比例制作实物卡板，为外观塑形做准备（图4-32、图4-33）。

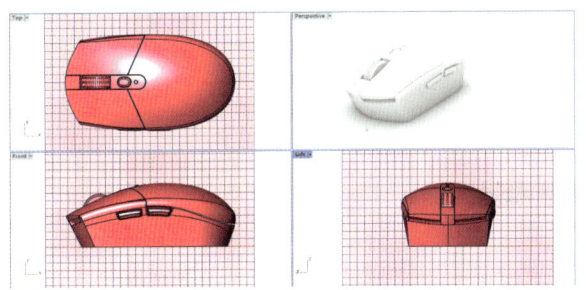
图4-32 犀牛软件建模截图

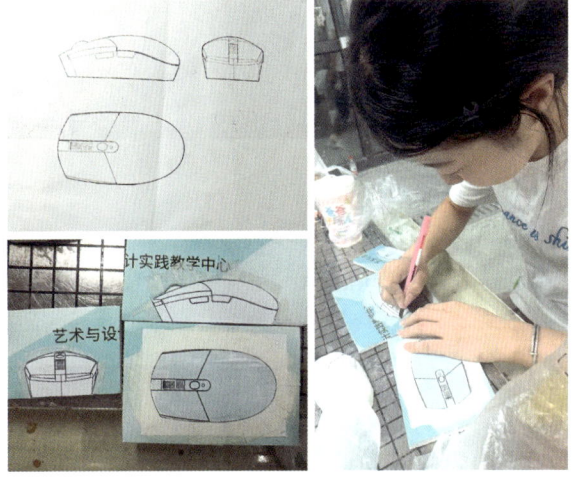
图4-33 三视图打印（左上）、粘贴（左下）和裁剪（右）

3. 制作

（1）按照三视图卡板对陶泥进行初步塑形（图4-34）。

（2）刻画细节（图4-35）。

图4-34 陶泥初步塑形

图4-35 刻画细节

（3）打磨模型（图4-36）。　　　　　　　　（4）喷白漆（图4-37）。

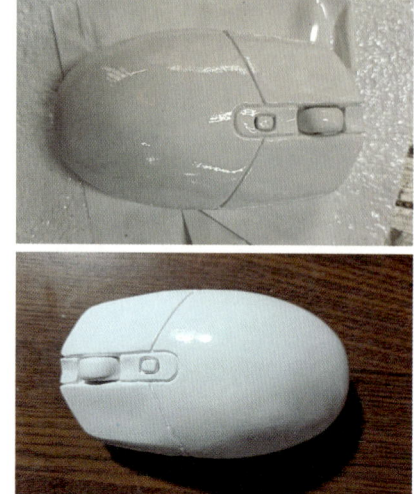

图4-36　打磨模型　　　　　　　　　　　　　图4-37　喷白漆

（5）上色和模型展示（图4-38）。

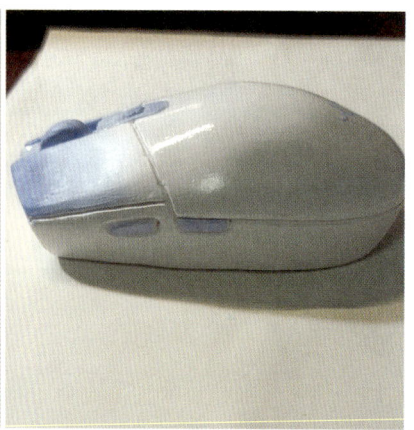

图4-38　上色和模型展示（学生史海彤制作）

? 思考题

1. 简述手板模型的分类。
2. 为什么在设计产品时要做手板模型？手板模型的意义是什么？
3. 制作手板模型常用的后处理有哪些？

第五章
快速模具技术

课件

模具是工业生产的基础工艺装备,在电子、汽车、电机、电器、仪表、家电和通信等产品中,大部分零部件都依靠模具成型。模具质量的高低决定着产品质量的高低。因此,模具被称为"百业之母",模具又是"效益放大器",用模具生产的最终产品的价值,往往是模具自身价值的几十倍、上百倍。模具生产的工艺水平及科技含量的高低,已成为衡量一个国家科技与产品制造水平的重要标志,它在很大程度上决定着产品的质量、效益、新产品的开发能力,决定着一个国家制造业的国际竞争力。传统模具制造技术多依靠机械加工实现,耗时较长,成本较高。随着现代社会商品竞争日益加剧,快速模具技术以其快速、低成本的特点越来越得到人们的重视。

第一节 快速模具技术简介

快速模具技术是基于快速成型技术而产生的模具制造技术,与依赖机械加工的传统模具制造技术相比,快速模具技术具有制造周期短、制造成本低、精度高、适合于制造复杂及具有空腔结构的模具等特点。快速模具技术整合了CAD技术、新材料技术、数控技术、激光技术等多学科技术。随着科技发展,合理使用快速模具技术必然会使企业能迅速响应用户需求,在市场中占据先机。

一、传统模具制造

模具是用其特定形状成型,具有一定形状、尺寸和表面精度制品的工具。它主要运用于大批量产品的生产上,虽然模具的生产和制造成本比较高,但是由于大批量生产,所以每个制品的成本就显著降低了。传统的模具制造要在产品三维设计与模具设计之后用到车削、铣削、刨削、钻削、磨削、镗削与电火花等加工方法,才能得到所需的模具形状和尺寸。随着人们生活水平的不断提高、人们生活方式的转变以及人们对潮流时尚的追随,模仿时下盛行,这使得对流行产品的模仿也愈演愈烈,这就对受市场青睐的新产品的复制速度和精度提出了更高的要求。同时,相应的产品模具上常常出现一些复杂的特征与自由曲面,精度与表面质量要求较高,所以设计与制造周期较长，成本较高。想要设计和制造出这样一副合格的模具，往往需要经过由设计、加工到试模的多次反复，也导致了模具制作成本高、周期长，而且精度不易保证，有时甚至造成模具报废。值得一提的是，由于数控机床、加工中心、柔性制造系统以及高速切削等先进制造技术的发展，能够使模具的加工周期有一定程度的缩短。但是，迄今为止，利用它们制作模具，每道工序的工艺并无重大改变，仍然存在调整时间长、难以自动生成复杂刀具轨迹、成本高等问题。由此看来，传统的模具制造方法由于其自身固有的生产周期长、投入风险高、产品改进困难等缺点，在一定程度上成为企业在市场竞争中发挥优势活力的制约因素。

随着市场竞争的日趋加剧，使得企业必须能够快速响应市场和用户对新产品的需求，促使工业产品的生产模式由传统的大、中批量向具有灵活、易变性和快速反应能力的中、小批量转变。当产品的生产批量较小时，模具的制作工时与成本分摊在每件产品上的数额就更大，生产周期长、投入风险高、产品改进困难等问题就更为突出，所以必须寻求新的、更能适应现代市场需求的模具制造技术。经过模具设计与制造人士十几年的努力，终于出现了快速模具新技术。

二、快速模具技术

随着社会的进步和经济的发展，市场竞争越来越激烈，使用者的需求也越来越强烈，迫使企业采用快速成型技术来缩短新产品的开发周期，降低成本，以满足客户的需求。快速模具（Rapid Tooling，RT）技术是一种适应市场需求，能够快速、低成本生产模具的新工艺。它起源于20世纪80年代末，是传统制模方法和快速成型技术相结合的产物。RT工艺是在快速成型技术的基础上，将高分子材料、CNC等新技术与新工艺相结合，利用增材制造件作为母模来制作模具。RT技术可缩短新产品开发周期和模具制造周期，加快新产品试制，加速投入市场试运行，可尽快获得客户反馈信息，帮助企业在最短时间内占领市场。

RT技术与传统模具加工方法相比，具有周期短（加工一件模具的制造周期仅为传统模具制造方法的1/3~1/5）、质量好、易于推广、制模成本低、精度和寿命能满足某种特定的功能需要、综合经济效益好等诸多优点。特别是对形状复杂或具有内腔的模具，采用传统的锻件或型材，通过机械加工获得模具的方法，其设计周期长，锻造和加工都很困难，而快速模具技术则解决了这些问题。RT技术与增材制造技术有密切的关系，它利用增材制造或其他制造方法得到的样件为母模，根据不同的批量、功能要求，采用合适的RT工艺，进行小批量制造。

快速成型技术的用途不仅体现在工件的制作上。工业设计师通常理解快速成型是一种快速制造零件的途径，尤其是体积小、结构复杂、尺寸精度和位置精度要求特别高的零件，借助快速成型方法可以一次多只地进行小批量制造，但成本相当高。除了一些有特殊要求的工件，例如医学使用的人造骨骼对卫生有苛刻要求，或者军事科研急需的样品制造等，通常人们制作单件模型时，往往选择数控机床。从原理上看，数控机床同样需要CAD三维建模，加工精度高而且使用范围广，完全能满足工业设计需要，对体积较大的工件更合适，价格却低廉很多，这也是众多设计公司和设计院校考虑它的主要原因。

事实上，快速成型技术的一个极其重要的使用领域就是快速模具的制造。全球经济一体化带来的产品加速同质化使小批量、多品种成了企业重要的竞争策略，因此，在目前的工艺条件下，能够满足小批量制造的这种技术可以说是它真正的价值所在。这种竞争方式对产品设计提出了新的要求，也使快速模具技术成了工业设计师知识范畴中的一个新的知识点。此外，社会进步对产品设计提出了更高的要求，许多产品必须在样机条件下接受多角度、多层次的评估和鉴定。这种小批量的、与正式成品相差无几的样机，如果采用传统模具技术制造，不但周期长，还将造成大量浪费，而适合小批量精细制造的快速成型模具技术恰好能解决这个问题，因此理所当然地受到了设计与制造界的欢迎与重视。

以快速成型技术为基础的快速模具技术分为两个类型：直接快速模具制造技术（Direct Rapid

Tooling，DRT）和间接快速模具制造技术（Indirect Rapid Tooling，IRT）。

根据模具材料、生产成本、增材制造原型材料、生产批量、模具精度要求的不同，常用的RT方法有直接制模方法和间接制模方法，基于增材制造的快速模具方法多为IRT方法。依据材质不同，IRT方法根据批量可分为软质模具（Soft Tooling）（简称软模）、过渡模具（Bridge Tooling）（简称过渡模）及硬质模具（Hard Tooling）（简称硬模）。

1. 直接快速模具制造技术

直接快速模具制造技术的优点是制模工艺简单、精度较高、工期短；缺点是单件模具成本较高，适用于样机、样件试制。

直接制模工艺是将增材制造技术和模具结合起来，利用增材制造技术直接制造模具。该方法无需以增材制造样件为母模，也不依赖于传统的模具制造工艺，具有很好的应用前景。它的优点是模具制造工艺简单、精度高、制造速度快，但DRT工艺单件模具成本高，适合试制样件和小批量生产。直接制模材料多为专用金属粉或高、低熔点金属粉或专用树脂。

常见的方法有基于光固化立体成型法（SLA）、分层实体制造法（LOM）、选择性激光烧结法（SLS）、熔融沉积制造法（FDM）等快速成型工艺方法直接制造树脂模、陶瓷模和金属模等模具。

（1）SLA工艺直接制模。利用光固化成型工艺制造的树脂件韧性较好，可用于小批量塑料零件模具制造。

（2）LOM工艺直接制模。采用特殊的纸质，利用分层实体制造工艺方法可直接制造出纸质模具。分层实体制造的模具有与普通木模同等水平的强度，甚至有更优的耐磨能力，可与普通木模一样进行钻孔等机械加工，也可以进行刮腻子等修饰加工。因此，以此代替木模，不仅适用于单件铸造生产，也适用于小批量铸造生产。此外，因其具有优越的强度和造型精度，还可以用来制作大型木模。

（3）SLS工艺直接制模。选择性激光烧结工艺可以采用树脂、陶瓷和金属粉等多种材料直接制造模具和铸件，这也是选择性激光烧结技术的一大优势。

而选择性激光烧结工艺直接制模所采用的金属材料有两类：纯金属粉末和非纯金属粉末。纯金属粉末是指没有使用其他材料协助烧结的金属粉末，这种对金属的直接烧结可以得到比非纯金属粉末加工密度高的金属模具。但这种方法在技术上不太容易，需要用1000W以上的大功率激光扫描烧结金属粉末，逐层堆积成型后经精加工才能完成。非纯金属粉末的另一种是树脂覆膜粉末，利用树脂熔化的黏结性对金属粉末固定来保证成型质量。但是，树脂的强度远不如金属，所以需要后期把树脂烧除后渗入金属空隙（一般为黄铜或青铜），经这样的加固强化后可得到与钢铁近似的材料。由于渗入材料的影响和限制，这种方法制成的材料强度更低一些，适用于工作温度要求低于纯金属粉末烧结的场合，金相结构也更疏松。

（4）FDM工艺直接制模。熔融沉积制模技术用液化器代替了激光器，其技术关键是可得到一定黏度、易沉积、挤出尺度易调整的材料。

2. 间接快速模具制造技术

间接制模方法是用增材制造样件或其他制件作为母模，间接制造出所需要的模具。该种模具制作过程中，样件的质量是极其关键的因素，直接影响制件的质量，间接制模的工艺路线如图5-1所示。

间接快速模具制造法是指先使用快速成型技术制作模芯，再利用此模芯复制硬模具（如铸造模具），或者采用金属喷涂法等获得模具轮廓形状，或者制作母模具来复制软模具。通过对利用快速成型技术得到的原型表面进行特殊处理，可以直接代替木模，用于制造石膏模或陶瓷模。原型也可以经硅橡胶中间过渡，得到石膏模或陶瓷模，再用这些模具浇注金属模具。间接快速模具制造技术在产品功能检测和小批量产品的生产方面广受好评，尤其适用于现代产品与模具制造中小批量、多品种的需求。这项技术能生产出表面质量高、尺寸精度好和力学性能优异的金属模具，国内外这方面的研究非常活跃。依据模具材质不同，间接快速模具制造技术生产的模具一般可分为软质模具和硬质模具两大类。

（1）软质模具。软质模具因其所使用的软质材料（如硅橡胶环氧树脂、低熔点合金、锌合金、铝等）有别于传统的钢质材料而得名（图5-2）。软模是一种试制用的模具，是用增材制造样件或其他样件作为母模，浇注双组分硅橡胶，硫化后形成软模。由于其制造成本低和制作周期短，因而在新产品开发过程中，作为产品功能检测和投入市场试运行以及国防、航空等领域单件、小批量产品的生产方面受到高度重视，尤其适合批量小、品种多、改型快的现代制造模式。目前提出的软质模具制造方法主要有树脂浇注法、金属喷涂法、电铸法、硅橡胶浇注法等。硅胶模具（硅橡胶模具）具有良好的弹性、韧性和复制性，制作模具时无需考虑拔模斜度，简化了模具设计，且生产周期短、成本低、脱模方便。制作时将液态硅橡胶倒入模框（加入母模的适当大小的容器）中，待固化后打开模框，在分型面处增加浇口，得到所需的硅胶模具。最后将双组分液态材料浇注到硅胶模具中，固化后得到不同性能的零件。

（2）硬质模具。硬质模具是用增材制造样件作为母模，或用复制的软模具浇注（或涂覆）石膏、陶瓷、金属基合成材料、金属构成的硬模具（如铸造模、注塑模、蜡模的压型等），实现塑料件或金属件的批量生产（图5-3）。这种模具有良好的机械加工性能，可进行局部切削加工，精度高。用金属基合成材料浇注成的蜡模的压型，其模具寿命可达1000~10000件。利用快速制造技术制作钢质模具的主要方法有熔模铸造法、电火花加工法、陶瓷型精密铸造法等。熔模精密铸造在批量生产金属模具时可先

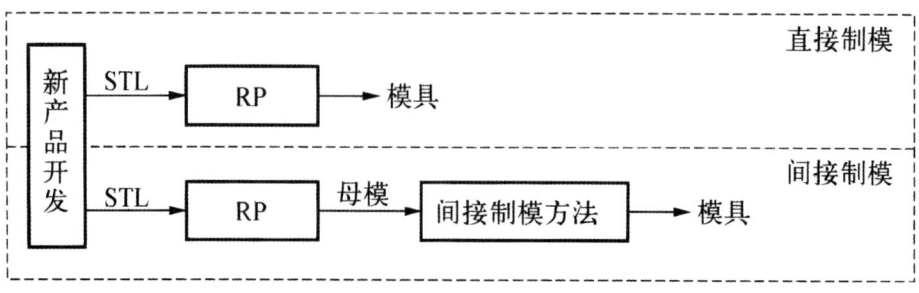

图5-1 快速制造模具流程图

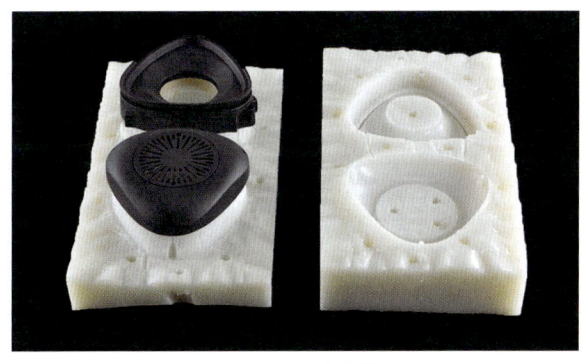

图5-2 硅胶软模

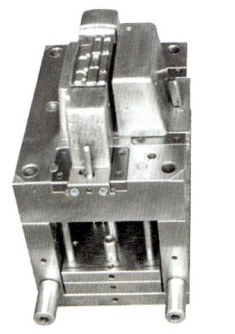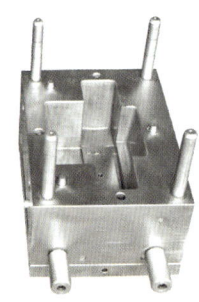

图5-3 硬质模具

利用快速制造原型或根据原型翻制的硅橡胶、金属树脂复合材料或聚氨酯制成蜡模或树脂模的压型，然后利用该压型批量制造蜡模和树脂模消失模，再结合熔模精铸工艺制成钢模具。另外，在复杂模具单件生产时，也可直接利用快速制造原型代替蜡模或树脂消失模直接制造金属模具。

第二节 软质模具——硅胶模具

硅胶模具具有高抗撕裂强度和优异的柔韧性，并且耐高温、耐化学腐蚀、易加工、脱模性好、光洁度高，是一种优良的模具材料，现已广泛应用于光学器材、通信产品、家用电器、玩具、汽车零件等领域。

一、硅胶模具技术的特性

采用硅胶模具技术可以在短时间内获得类似ABS、PP、PC、PE等材料的各种颜色的产品样件，这些材料有透明、不透明及耐高温的。硅橡胶可以分为室温硫化硅橡胶（RTV）和高温硫化硅橡胶（HTV）两种。室温硫化硅橡胶又分为加成型和缩合型两种，有非透明体，也有透明体。缩合型在固化时会有低分子物析出，故收缩率比加成型大，加成型硅橡胶无反应副产物生成，其尺寸精度、橡胶物的稳定性比较优异。工业上使用的模具，要求尺寸精度高，因此所用模型硅橡胶多为加成型。硅橡胶有很好的弹性和复现性，用其制作模具时，可不必考虑拔模斜度，基本不会影响尺寸精度，并能准确再现原型上的细微特征。硅橡胶还有很好的切割性能，制作模具时，可以先不分上、下模，整体浇注出模后，再用薄刀片将其切开。硅胶模具有以下特点：

（1）可以通过一个产品样件制作出多个复制品，样件的材质可以是快速成型（树脂或纸基）件，也可以是金属、塑胶、石膏件等。

（2）由于硅胶模具有很好的弹性，所以即使是很复杂的零件，甚至产品有些倒钩结构，也可以保证照常脱模。

（3）因为聚氨酯材料是在真空状态下进行浇注的，所以浇注过程中产生气泡极少，可以得到更好的产品样件。

（4）由于硅橡胶模具尺寸精度、橡胶物的稳定性比较优异，所以几乎不存在因壁厚不同而产生的"缩水"现象，可以成型薄壁件。

（5）模具中可以加入金属镶件等，成品还可以进行机械加工、电镀和喷漆等后处理工艺。

（6）可实现单工序多件生产（即将一件成品的所有组件模具放入真空注型机内，而且用同一种原料一次浇注完成）。

二、硅胶模具技术的优势

1. 快速性

快速模具制造技术采用计算机CAD、3DMAX／MAYA等三维设计软件进行零件原型或模具设计，然后将原型设计数据（CAD／3DMAX／MAYA数据）转化成STL格式后，通过一定的接口输到快速成型机，由快速成型机直接制造出零件原型或模具。由于采用计算机进行原型或模具设计，大大缩短了新产品的设计开发周期，可以满足市场和消费者对新产品的需求。

2. 高柔性

由于新产品的设计与开发均采用计算机辅助设计，所以在设计开发出一个新产品后，只需修改产品CAD／3DMAX／MAYA中的三维数据就可以生产出不同形状的产品。

3. 离形性佳

由于硅橡胶材料的萧氏硬度从10到60不等，抗拉强度可达46MPa，抗撕裂强度为5～23 kN／m，所以即使原型具有一定的拔模斜度，硅橡胶软模也很容易从原型上脱模。

4. 成本低

如果使用模具生产的零件批量较小（几十件）或是用于产品的试生产，就可以用生产制造成本较低的硅橡胶软模。

5. 直接成型性

由于硅橡胶软模可以耐受250℃的高温，所以如果产品样件是用熔点较低的金属或合金材料进行浇注而成的，那么硅橡胶软模就可以满足低熔点合金直接浇注成型的要求。

三、真空注型机

硅胶模具制作和工件浇注的过程中，由于所使用的液态材料中含有空气，会导致制作出的模具和工件的表面有大量的气泡，严重影响产品的质量，所以在整个制作过程中，必须处于接近真空的环境中，而真空注型机（图5-4）就是针对硅胶模具制造真空环境的设备。机器的上部有将液态材料电动倾倒进搅拌罐内的料杯，搅拌均匀后把液态材料经漏斗灌入置于下层的浇注容器中，液态材料混匀后开动真空机构减压（真空度700mm汞柱）除去气泡。

真空注型机的具体用途为：

（1）少量、多品种产品（试制产品）的生产。

图5-4　真空注型机

（2）电气电子配件的灌封工作。

（3）各种工业用的含浸及成型工作。

（4）硅胶及液状树脂的脱泡/注型工作。

（5）各种模型产品的制作。

（6）熔蜡铸造（精密铸造）工作。

四、硅胶模具的制作工艺

1. 原型件获得的方式

（1）工艺品原件。这里的原型样件可以是各种保存完整、具有艺术价值的古代艺术品或发掘出土的文物原件，也可以是某些具有民族特色的饰物，如首饰、配饰，还有具有图纹装饰的各种生活用品、生产工具等。

（2）艺术创作品。原型件也可以是艺术家根据生活中的事物通过艺术构思创作出来用以抒发感情、美化生活的艺术品、反映民族图腾的动物、反映民族文化的工艺品，这类艺术品可以是石膏样件、蜡形样件、泥形样件、雕刻件等。

（3）由快速成型机直接输出的样件。根据设计者的创作意图，通过计算机CAD／3DMAX／MAYA等各种三维设计软件进行辅助设计，然后转化为STL文本格式输出到快速成型机后，由成型机直接输出样件原型或模具原型。这种方法可以设计各种形状复杂、纹路精细的艺术创作品。

2. 硅胶模具的制作工艺

（1）一次浇注模具技术。硅胶模的制作原理类似于铸造模的制作原理，区别在于硅胶模是在常温和真空环境下采用硅胶材料制作而成，而铸造模是在高温和常压环境下采用型砂制作而成。首先对模具进行整体浇注，再用刀割分型面进行分模，主要适用于透明硅橡胶和分型面形状比较规则的情况。硅胶模具制作过程如图5-5所示。

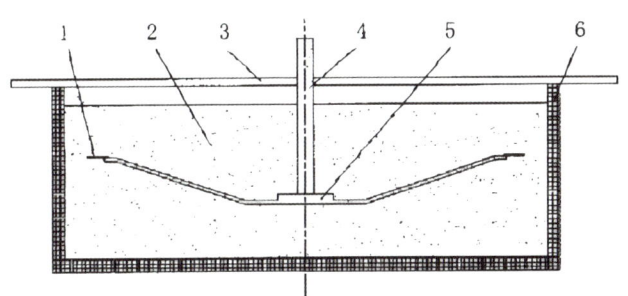

1—着色胶带；2—透明硅橡胶；3—固定样件的横梁；
4—浇注系统；5—原型样件；6—模框

图5-5　一次浇注模具示意图

第一步：原型样件预处理（图5-6）。首先彻底清洁原型样件。为了便于上下模在剖切时分离，对原型样件中通孔部位，需在样件内表面粘贴透明胶带。对不易脱模的原型样件，需要喷少许脱模剂。

第二步：分析原型，确定分型面。根据原型样件的形状特点，硅橡胶模具可以有上下两个型腔，也可以只有一个型腔（不用分型）。为了使脱模较为方便，不损伤模具，避免模具变形或影响模具应有寿命，分型面通常选在开模方向投影面积最大的面。由于硅橡胶材料具有较高的弹性，对零件上一些特殊结构，如侧面的小凸起、倒钩等，在开模时可以强制脱模，因此选取分型面时可以不予考虑。

第三步：粘贴分型线（图5-7）。一次浇注是先对模具进行整体浇注，再用刀割分型面进行分模，所以需要在原型样件选定的分型面边缘上，粘上薄的彩色胶带作为分型线标记，以备后期分模用。确定分模面，并在分模面处贴上胶纸，在胶纸边缘部分用色笔描出分模面，然后选择合适的ABS棒或硅胶棒，固定在母模上，作为硅胶模的浇注口。

图5-6　原型样件预处理

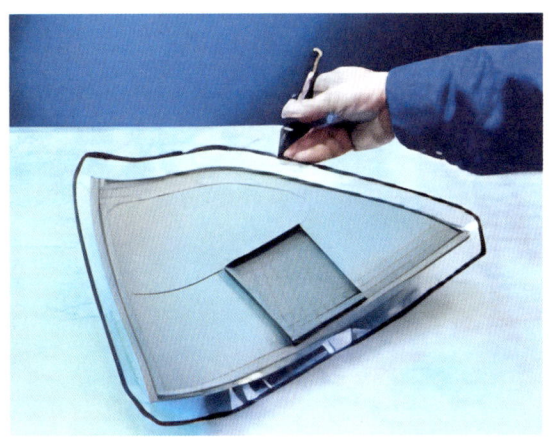

图5-7　粘贴分型线

第四步：构建模框（图5-8）。根据原型样件的大小用薄板制作模框，形状一般为矩形，也可以做成圆形或异形。在模框的上部搭上支撑，在原型样件内表面的合适位置，用胶水粘上圆棒（浇注时可作为浇口），把原型样件固定在模框中间。注意按照母模的尺寸和形状制作模框，原型和模框间应留有20～25mm的距离，保持母模与模框之间距离均匀，不能太小也不能过大。如果太小，模具制作出来壁厚太薄，分模时容易造成模具损坏而影响模具的使用寿命。如果过大，既浪费硅橡胶，又降低了硅胶模的柔性，从而增加了从硅胶模中取出产品的难度。

第五步：配制与浇注硅橡胶。按照模框体积与母模体积相减确定所需硅胶体积（需考虑损耗余量），确定硅胶用量，按比例分别称量硅橡胶、固化剂，在容器中混合搅拌均匀后，放入真空注型机中抽真空，并保持真空10分钟，进行脱泡处理（脱去胶料搅拌时混入的空气）。将抽真空后的硅橡胶缓慢（以减少空气的混入）倒入构建好的模框之后，将其再次放入真空注型机中，并保持15～30分钟，以排除混入其中的空气（图5-9）。

第六步：硅橡胶模固化（图5-10）。从真空注型机中取出浇注好的硅橡胶后，放置1～2小时（保持室温25℃左右），让硅胶模中残留的空气所形成的气泡有充分时间逸出，然后在70℃烘箱中保温2小时左右，使硅橡胶充分固化。选择不同品种的胶料固化时间有所差异。

第七步：分模（图5-11）。待硅橡胶模完全固化后，就可以拆除围框，沿彩色胶带粘贴的分型线用刀片在分模面处画出波浪形的分模线，对硅橡胶模进行分割，取出原型样件，清理硅胶模上残留的胶带和硅胶屑等废料，便得到硅橡胶模具的上下模。如果发现模具有少量缺陷，可以用新配的硅橡胶修补缺损处，并经过同样的固化处理即可。对形状复杂（倒钩、斜面很多）、两半模无法满足脱模条件的情况，开模时可以将硅橡胶模具剖开成数块。

第八步：浇注前需要对硅胶模进行预处理。首先在硅胶模的上模开10mm左右的孔作为流道，一次性浇注可以利用固定样件的圆棒所形成的孔来代替，并在一些树脂不易充满的死角处，用气针开出气孔。然后将硅胶模上下模合模，并用胶带固定。要注意流道一般开在零件的内表面，以免影响塑件的外观质量。合模时应该准确对位，上下模具不能错位，胶带固定时要松紧适宜（太紧则模具易变形，太松则导

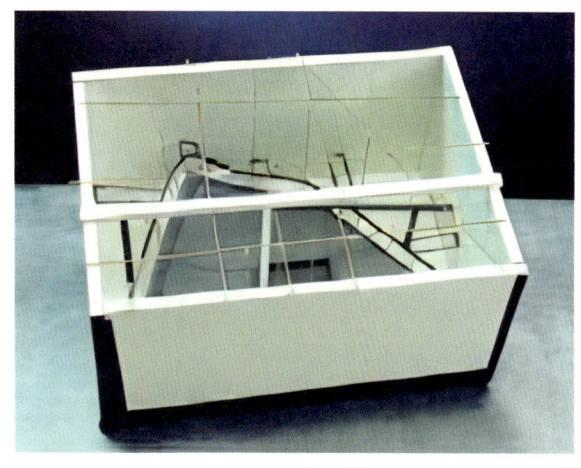

图5-8　构建模框

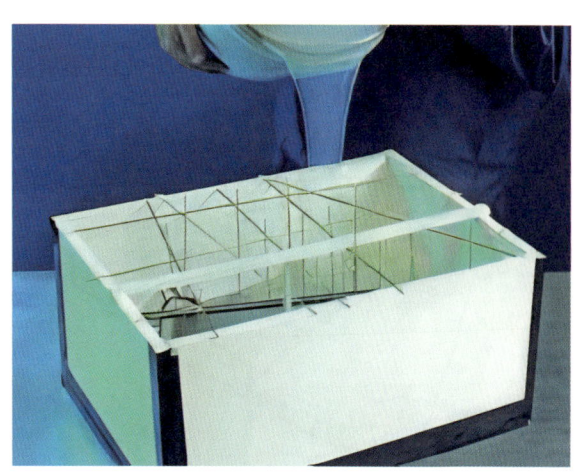

图5-9　浇注硅橡胶

图5-10　硅橡胶模具固化

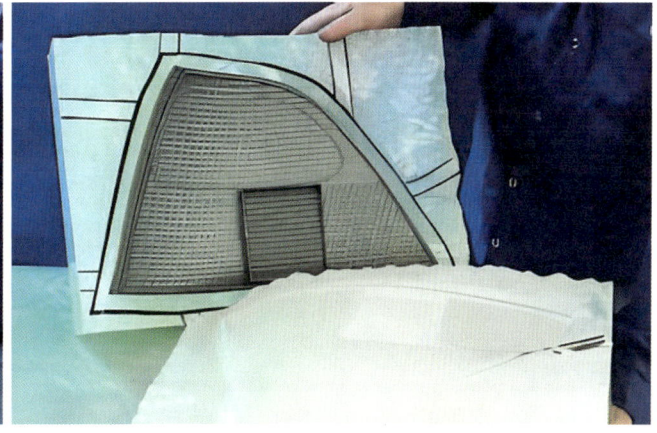

图5-11 分模

致飞边过大），否则会影响塑料件的尺寸精度。对于形状比较大的模具，流道也可以开2~3个，以避免塑料件出现缺料现象，如图5-12所示为浇注前的预处理。

第九步：配制材料。将硅胶模放在真空注型机内的操作平台上，装上浇口，然后将装有按比例称量的聚氯酯A、B料的两个容器放在真空注型机上方（硅胶模置于下方），关闭真空注型机阀门，抽真空排除原料中的气体和模具型腔中的空气，并保持10分钟，如图5-13所示为配制浇注材料。

第十步：将A、B两容器中的原料混合，搅拌抽真空（混合时间与所用材料有关），排除A、B料反应后生成的气体，沿浇口注入硅胶模，随后立即开启真空注型机阀门，借助大气压力使反应生成的塑料充满硅胶模，如图5-14所示为浇注入硅胶模。

第十一步：卸压后，从真空注型机中水平取出硅胶模，并水平将浇注后的硅胶模放入70℃烘箱中，根据所使用材料的产品说明确定固化时间。等待加热固化后，便可拆去胶带，打开硅胶模具，得到真空浇注零件，即塑料件（图5-15）。

第十二步：修整零件（图5-16）。

如果是小批量制作零件样件的话，重复以上步骤，就可以得到所需数量的塑料成型件。用斜口钳刀、锉刀等专用工具去除浇注口和毛边，并根据需要进行填补缺陷、喷砂、喷漆等表面处理。

图5-12 浇注前的预处理

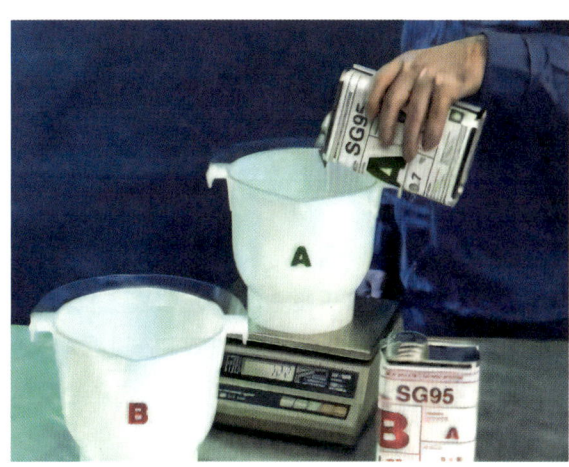

图5-13 配制浇注材料

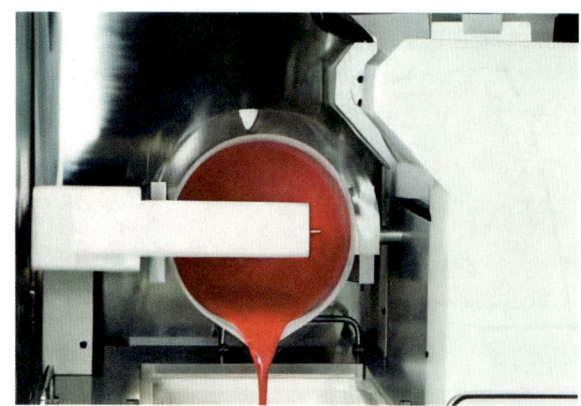

图5-14 浇注

图5-15 固化脱模

图5-16 修整零件

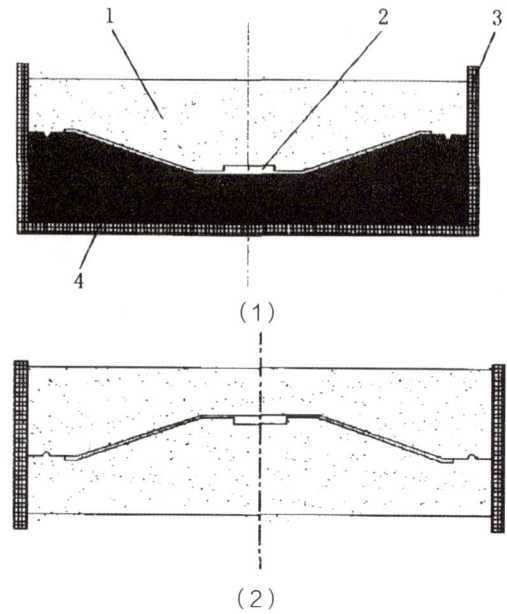

（1）

（2）

1—硅橡胶；2—原型样件；3—模框；4—橡皮泥

图5-17 二次浇注硅胶模具示意图

喷少许脱模剂。

第二步：分型面的确定。二次浇注需要借助橡皮泥在浇注硅橡胶时使模具分成上下模，所以在分析原型，选择分型面后，让原型分型面的位置与橡皮泥相交，在橡皮泥的上平面上，挖2~4个凹坑或沟槽，用于上下模合模时的定位，并涂上脱模剂。

第三步：构建模框。用薄板制作合适的模框，把橡皮泥围上，模框高度为橡皮泥2倍以上，橡皮泥将原型样件固定在模框内。

第四步：硅橡胶的浇注。根据半模（如上模）所需硅橡胶的用量，按比例称量好硅橡胶、固化剂，混合搅拌后放入真空注型机中脱泡，然后倒入模框中，再次放入真空注型机中二次脱泡，排除硅橡胶中混入的气体，防止在模具与样件接触处形成气泡，影响塑料件的表面质量。

第五步：硅胶模的固化。与一次浇注模具同样处理。

第六步：二次浇注。待硅橡胶完全固化后，将模框翻转180°，取出橡皮泥，对露出的原型样件和已浇注好的硅橡胶模进行清洁，并涂上脱模剂，保证与后浇的下模分型。重复第四步和第五步，完成硅橡胶模具另一半的浇注。

第七步：拆除模框，分开上下模，取出原型样

（2）二次浇注模具技术。对于不透明硅橡胶或分型面形状比较复杂的情况，不适合采用整体浇注刀割分型面的方法，因为刀割的轨迹很难与实际要求的分型面相吻合。一般需要借助橡皮泥进行二次浇注来制作硅胶模具（图5-17），其制作过程为：

第一步：与一次浇注模具一样，首先对原型样件进行预处理。清洁原型样件，对原型样件中的通孔粘贴透明胶带，对不容易进行脱模的原型样件，

件，得到硅胶模。

浇注零件的流程与一次浇注模具的流程相同。

硅胶模的优点有：成本低、周期短、弹性好且易于脱模、复制性好。硅胶模的缺点有：不能用于热注射成型、导热性较差、使用寿命短、长期加热易老化、不能回收。

由于硅胶模具具有很好的复制性，可以广泛应用于家电、汽车、建筑、艺术、医药、航空航天等领域。采用硅胶模工艺不仅能降低生产成本，缩短产品上市时间，提高产品的竞争优势，还能根据市场反馈，确定产品在正式投入批量生产前是否需要进行改进，避免盲目投入生产带来的巨大损失。

五、硅胶模具技术制作工艺实例

实例一：制作叶轮

使用硅胶模具技术制作叶轮时，首先需要建一个精确的母模，然后将混合好的硅胶材料浇注或涂刷在母模上。硅胶模具因其弹性和耐高温的特性，能够准确复制母模的形状和结构。在硅胶模具固化后，可以进行叶轮的浇注或注塑，从而生产出与母模形状一致的叶轮产品。这一过程确保了叶轮能够精确地再现设计规格。如图5-18展示了叶轮实物、叶轮硅胶模具和叶轮样件。

实例二：制作组合塑料件

使用硅胶模具制作组合塑料件前需要设计和制作原始模型，随后将液态硅胶浇注在模型周围，待其固化形成硅胶模具，然后将塑料材料注入该模具中，填充模具的每个部分以确保复制出完整的组合结构。塑料在模具内冷却和固化后，打开模具，即可得到成型的组合塑料件。该方法可以精确地复制原始设计的每个细节。如图5-19所示，展示了使用硅胶模具制作塑料件时的塑料件实物、塑料件硅胶模具和塑料件样件。

（1）叶轮实物

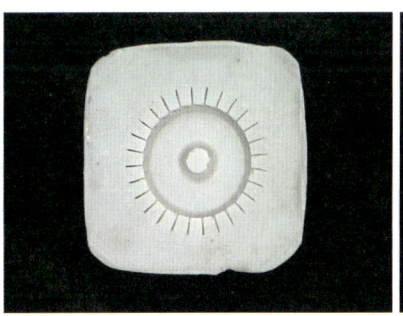
（2）叶轮硅胶模具

（3）叶轮样件

图5-18 制作叶轮

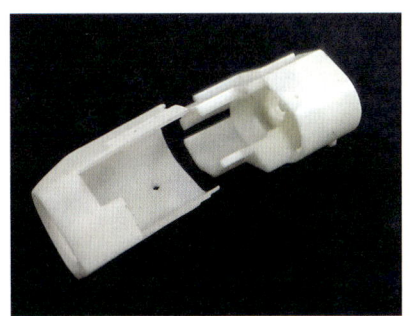
（1）塑料件实物

（2）塑料件硅胶模具

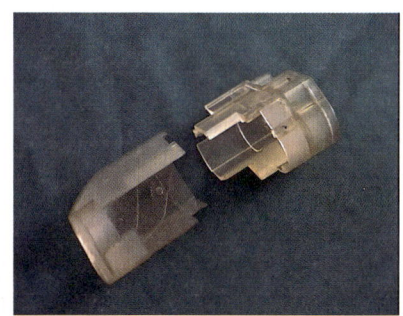
（3）塑料件样件

图5-19 制作组合塑料件

第三节　快速铸造模具

铸造模具是指为了获得零件的结构外形，预先用其他轻易成型的材料做成零件的结构外形，然后在砂型中放入模具，于是砂型中就形成了一个和零件结构尺寸一样的空腔，再在该空腔中浇注流动性液体，该液体冷却凝固之后就形成了和模具外形结构完全一样的零件。

中国最早的艺术铸件是用陶范铸造的，这是从新石器时期发达的制陶技术演变而来的。在这个基础上又发展起泥型铸造、失蜡铸造等。现代艺术铸件种类繁多，各有其独特的风格，小的几克，大的几百吨，材料有金、银、铜、铝、锌、铁、钢等，因而铸造的方法也各种各样。然而对于每一种铸件，都有其最佳的铸造方法，随着科学技术的进步，铸件的制造技术也不断有所创新。

下面就传统的铸造方法及其优点进行简要介绍：

（1）熔模精密铸造：采用可熔化的一次性模。熔模铸造生产出来的艺术铸件，表面光洁度高、精度高，形象生动，层次丰富，特别是精致纹饰、图案均可铸出。

（2）砂型铸造：多用于铸造大中型、形状复杂的铸件，可单件或批量生产，可铸造各种合金。

（3）石膏型铸造：石膏型铸造出来的艺术铸件，表面光洁度高，纹饰清晰细腻，立体感强，形象逼真。

（4）陶瓷型铸造：陶瓷型铸造有极佳的复印性，铸型表面光滑，铸型的某些性能和外观与陶瓷相似。陶瓷型铸造适用于要求表面光洁度高、纹饰清晰、细致、尺寸精确的大中型艺术铸件，特别是浮雕类艺术铸件。

（5）泥型铸造：这种造型材料具有良好的可塑性、可雕刻性、复印性及高温综合性能。特别是可在泥型上直接雕刻文字、花纹、图案，铸造出来的艺术铸件纹饰清晰，表面光洁。可制造出非常复杂、精巧的艺术铸件。

（6）离心铸造：它的工艺特点是金属熔液浇入旋转的铸型中，在离心力场的作用下充填型腔、凝固而获得铸件。这种方法主要用于制造金银首饰、小型金属艺术品、装饰品、各种奖章、徽章、工艺扣、工艺灯柱，以及圆柱形艺术铸件等。铸件表面纹饰精致、清晰。

（7）压力铸造：这种方法目前广泛应用于制造铝合金、锌合金装饰工艺铸件，铸件壁薄，尺寸精确，光洁度高，精度高，生产率极高，如各种灯饰铸件、领带夹、皮带扣、手表链、手表壳等，极其细微的图案都能铸出来，比如各种仿真的模型车零件、建筑装饰件等。

尽管各种铸造方法均有其独特的优点，但整体来讲，这些铸造方法均具有如下缺点：

（1）工艺过程复杂。

（2）生产制作周期较长，生产效率低下。

（3）对于一些表面纹路精细的工艺品来说，产品表面精度较低，一般难以达到精度要求，需进行进一步精加工。

（4）响应市场需求的时间较长，不能满足日益激烈的市场竞争。

（5）生产成本较高，在市场竞争中难以立足。

传统铸造模具普遍面临制造周期长、工艺复杂等问题，而快速制造模具技术基于快速成型方法，可快速、精确地制造出铸造所需模具，从而显著缩短对市场需求的响应时间，有助于企业在市场竞争中抢占一席之地。

一、快速铸造模具工艺流程

由于快速成型方法可以提供蜡芯原型（3DP、FDM、SLS）或可完全气化的淀粉、光敏树脂原型，故可用失蜡铸造或消失法铸造，铸出精密铸件。用陶瓷型铸造工艺，可铸出粗糙度达6.4的精密铸件，也可以直接用快速成型工艺制造出压制蜡芯的模具，以经济的铸造出小批量铸件。为了减少消失法铸造产生过多的气体，快速成型原型可制成中空结构，中空部分还可以加以蜂窝状支撑，以减少发气量，同时又不降低快速成型原型刚度。由于快速成型原型可以很容易附加上冷却管道等结构，由快速成型原型甚至可以直接作为注塑模，制造出少量塑料件，以供产品开发阶段使用。在航天、航空、兵器等领域，对复杂形状的零件非常适用（图5-20、图5-21）。

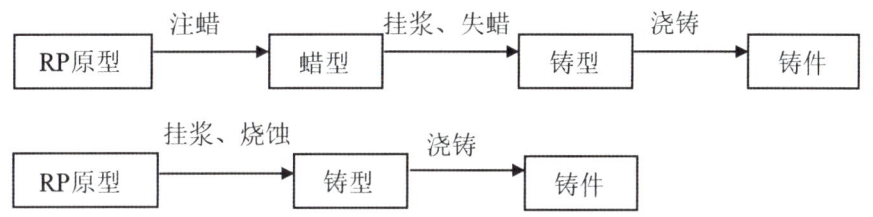

图5-20 基于快速成型系统的精密铸造工艺的两种流程

（1）产品快速原型　　　　　　（2）砂型模具　　　　　　（3）产品铸造件

图5-21 基于快速铸造模具的产品铸造成型实例

二、快速精密铸造方法

1. 基于SLA原型快速制造零件

用SLA原型模代替熔模精密铸造中的蜡模，在SLA模上直接涂挂耐火浆料（多层），待耐火浆料固化后，再焙烧除去SLA模，得到耐火材料壳层作为铸造型壳，浇注液态金属从而得到金属件（其工艺与熔模铸造工艺相同）（图5-22）。此方法适合于中等复杂程度的中小型铸件。

2. 基于LOM原型快速制造零件

将LOM原型制成所需零件的凹模，经硅橡胶模过渡转换制得石膏型或陶瓷型，再由石膏型或陶瓷型浇注金属零件。当零件具有一定的拔模斜度或LOM原型模表面经过特殊处理后，可将LOM原型制成零件原型代替木模使用，直接制造石膏型或陶瓷型。此方法适于简单或中等复杂程度的金属模具、中大型金属件。

3. 基于SLS原型生产金属零件

采用陶瓷粉末或包覆黏结剂的陶瓷粉末或覆膜砂作为成型材料，按照铸型CAD模型（包括浇注系统等工艺信息）的轮廓信息精确控制激光束在造型材料粉末层进行扫

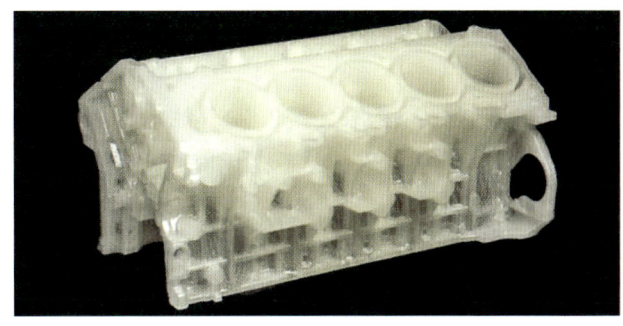

图5-22 SLA制作蜡模原型

描,直接烧结成铸造用壳型,或使包覆在陶瓷粉末或覆膜砂表面的黏结剂熔化黏结,逐步堆积可得到铸型的型壳,清理出型腔内未烧结的松散粉末,就可用于浇注金属零件。铸型和砂芯可分别制造再装配成完整铸型,也可一体化制造,减少下芯装配带来的误差。此方法适于中小型复杂铸件。当SLS粉末材料为石蜡、塑料等时,制出的SLS原型用于制造金属零件的方法与基于SLA原型生产零件的方法相同。

4. 基于FDM原型生产金属零件

采用石蜡和塑料等低熔点材料的FDM原型,以FDM原型代替熔模精密铸造中的蜡模。用此蜡模制造金属零件的方法与用SLA原型生产金属零件的方法相同,此方法适用于中等复杂程度的中小型铸件。

5. 基于3DP工艺的壳型直接快速制造工艺

根据3DP原理开发的直接壳型铸造工艺(DSPC)使用陶瓷粉末为造型材料,粘接材料选用硅溶胶。由于陶瓷粉末颗粒尺寸在75～150μm,所以DSPC工艺造型的表面质量较高。但这种硅酸盐水溶液分层粘接起来的陶瓷铸型强度较低,必须经过焙烧之后才能用于浇注金属。如果是大型铸件的铸型就需要价格高昂、体积庞大的加热设备,所以DSPC工艺不适合大中型铸件的生产。

6. 无模型铸型快速制造工艺

无模铸型快速制造工艺(PCM-Patternless Casting Modeling)是将快速成型技术理论引进树脂砂造型工艺中,采用轮廓扫描喷射固化工艺,实现无模型铸型的快速制造。首先从零件CAD模型得到铸型CAD模型,由铸型CAD数据得到分层截面轮廓数据,再以层面信息产生控制信息。在计算机的控制下,分别喷射树脂和固化剂的两个喷头,在每一层铺好压实的型砂上分别精确地喷射黏结剂和催化剂。黏结剂与催化剂发生胶联反应,黏结剂和催化剂共同作用的地方型砂被固化在一起,其他地方型砂仍为颗粒态干砂。固化完一层后再粘接下一层,所有的层粘接完之后就可以得到一个三维实体,原砂在黏结剂没有喷射的地方仍是干砂,比较容易清除。清理出中间未固化的干砂就可以得到一个有一定壁厚的铸型,在砂型的内表面涂敷或浸渍涂料之后就可用于浇注金属。该工艺实现了CAD模型直接驱动下的铸型一体化制造,型芯同时成型,可方便地制造含自由曲面的铸型和组合零件等。该工艺突破了传统工艺的许多约束,具有较高的柔性,尤其适合制造单件小批量的大中型铸件。

三、快速铸造和快速精密铸造的发展

虽然快速成型技术在铸造生产中已经有一定的应用,但仍存在很多问题需要解决和完善,也有其他用途有待开发,以充分发挥两种技术的优势。目前尚需完善或开发的工作包括:

(1)提高各种快速成型方法制造的原型(塑料或其他材质)表面质量和尺寸精度,降低表面粗糙度,以确保铸造所得金属铸件的尺寸精度和表面粗糙度。

(2)利用快速成型技术实现铸型和型芯的一体化制造。

(3)降低快速铸造和快速精密铸造的制造成本。

第四节 绿色模具设计与制造

模具工业是制造工业化生产的基础，它的生产技术水平高低，已经成为衡量制造业水平的重要标志。近年来，为了解决全球环境污染问题，一种新的"绿色制造"概念正在流行。它的目的就是减轻产品对环境的污染，在设计产品的整个生命周期着重考虑产品的环境属性（环保特性），采用一种绿色技术对产品进行全方面设计。

在传统的模具设计过程中一般仅需要考虑模具产品的基本属性，如模具的功能、质量、成本和寿命等，而很少，甚至不考虑它的环境属性。按常规思维来说，一个小型模具产品在完成使用后就成了一堆废弃的"垃圾"，回收利用率低。这也是在模具工业中开模难的最根本原因。因为一旦开了模，模具材料就很难再利用了，导致造价高。同时，最重要的是造成了资源、能源严重浪费，而且模具材料中含有的毒害物质，会严重污染生态环境，危害人体健康。

绿色制造主要包括以下几方面内容：一是制造问题，包括产品生命周期全过程；二是环境影响问题；三是资源优化问题。绿色制造就是这三部分内容的交叉和有机集成，是一个综合考虑环境影响和资源效率的现代制造模式，其目标是使得产品从设计、制造、包装、运输、使用到报废处理的整个产品生命周期中，对环境的负影响最小，资源使用效率最高。绿色模具不仅指在使用时对环境的影响小，还应是从制造到报废的整个生命周期内对环境的破坏最小。

一、模具设计

1. 传统设计与绿色设计

传统的模具设计只考虑能够设计制造出合格的模具，并不会过多地考虑材料是否对环境有影响、生产出的模具使用后能否再加工重新利用等。而在模具的绿色设计过程中，从头至尾都要考虑对环境的影响，同时也要考虑模具的回收再利用。

2. 材料的选择

模具材料的绿色程度对最终产品的绿色性能有着极为重要的影响。绿色设计的材料选择必须建立在绿色材料的基础上，摒弃过去对材料进行表面处理所采用的化学方法，代之以物理的方法以达到防腐或易于脱模的目的。选择优质镜面模具钢加工模具型腔，用不锈钢材料来加工防腐的模具以替代电镀，或用对环境危害小的镍磷镀替代电镀铬。

绿色材料应具备的基本性能有：低污染、低耗能、低成本；易加工和加工过程中无污染或少污染；可降解，可重复使用。

3. 设计规范化、标准化

模具标准化是组织模具专业化生产的前提，而模具的专业化生产是提高模具质量、缩短模具制造周期、降低成本的关键。

（1）采用和购买标准模架及其他标准件。模架及标准件由专门的厂家、企业通过社会化分工进行生产，以使有限的资源得到优化配置。模具通常在报废之后只是凸凹模不能再用，但是模架还基本完好，因此使用标准模架有助于模架的再利用。冲压模和注塑模的模架都有很多种类，而这些模架也基本是由标准的上下模座、导柱、导套等部件组成。同时，模架的标准化可以使生产模架所使用的设备极大减少，从而节约了资源，也利于管理。

（2）模具各结构单元的规范化、标准化。这样可加快设计速度，缩短设计周期，方便加工管理。

4. 可拆卸性设计

模具在使用过程中，部分零部件由于承受过大的摩擦与冲击，磨损较大。这时，只需要更换这部分零部件模具就可以继续使用。另外，有时只要更换工作零件，即可实现一种新产品的生产。不可拆卸不仅造成大量可重复零部件材料的浪费，而且因废弃物不好处置，还会严重污染环境。因而在设计初期就要考虑到拆卸的问题：尽可能选择通用结构，以便更换；在满足强度要求的前提下，尽量采用可拆卸连接，如用螺纹连接，不用焊接、铆接等。

5. CAD、CAPP、CAM和CAE应用

CAD/CAPP/CAM是模具设计走向全盘自动化的重大措施。采用CAD/CAPP/CAM增材制造技术，可实现少图纸或无图纸加工和管理，节约了资源，可缩短模具设计与制造周期，可提高模具研制的成功率及模具质量。目前，CAE技术已被广泛使用，首先可以应用CAD技术设计出产品的大体结构，标出其基本尺寸，然后用CAE技术对产品进行结构分析、可行性分析及工艺分析。现在的CAD三维软件（如Pro/E、SolidWorks、UG等）基本已集成了CAE技术，可以模拟材料的流动情况及分析其强度、刚度、抗冲击实验模拟等。使用CAD/CAE为实现并行工程提供了基本平台，因此提高了模具的设计效率，缩短了整个设计周期，实现了绿色的产品分析。

6. 制造环境设计

机械生产车间，尤其是冲压车间的噪声和污染非常严重，对工作人员的身体健康造成非常大的威胁，也干扰了周边的安宁。所以，在进行模具设计时要对产生的噪声加以控制，甚至消除。通常消除机器噪声的方法有以下几种：用V带代替齿轮传动；以摩擦离合器代替刚性离合器；做好飞轮等回转体的动平衡；在压力机产生噪声的主要部位加盖隔声罩；采用有减震器的无冲击模架等。

7. 包装方案设计

包装方案的设计主要包括三方面：包装材料的选用、包装结构的改进以及包装材料及其废弃物的回收利用。包装材料的使用和废弃物对环境产生了巨大的影响，尤其是一些难以回收或难降解的材料，这些材料只能焚烧或掩埋。因此，产品的包装应尽量从简及使用绿色包装材料（无毒、无公害、易回收、易降解的材料），这样既可以减少资源的浪费，又可以减少对环境的污染。

8. 回收处理设计

模具回收处理就是在模具的设计阶段就考虑模具使用后回收利用的可能性及回收处理的方法和费用。回收性设计的主要内容包括可回收材料及标志、回收处理方法、回收性的技术经济评估和回收性的结构设计。其主要措施如下：①使用对环境影响较小的模具材料，如无毒无害的材料、可再生材料、易回收的材料等。②使用可重新利用的材料。③对使用过的模具零部件进行翻新、再加工等。

二、模具制造

采用模具先进制造技术，在制造过程中选用生产浪费最小、能量消耗最低的制造工艺，是实现绿色制造的重要环节。

1. 柔性制造技术

柔性制造技术是由若干数控设备、物料运贮装置和计算机控制系统组成的，并能根据制造任务和生产品种变化而迅速进行调整的自动化制造系统。它包括多个柔性制造单元，能根据制造任务或生产环境的变化迅速进行调整，以适宜多品种、中小批量生产，它通过简单地改变软件的方法能够制造出多种零件中任何一种零件。

2. 高速切削

模具制造业是高速加工应用的重要领域。模具型腔加工过去一直为电加工所垄断，但其加工效率低。而高速加工切削力小，可铣淬硬60HRC的模具钢，加工表面粗糙度值又很小；浅腔大曲率半径的模具，完全可用高速铣削来代替电加工；对深腔小曲率的，可用高速铣削加工作为粗加工和半精加工，电加工只作为精加工。这样可使生产效率显著

提高、周期缩短。

高速切削为模具制造提供了发展的新契机。它简化了加工手段，缩短了加工周期，提高了加工效率，降低了加工成本。目前，它向更高的敏捷化、智能化、集成化方向发展，成为第三代模具制造技术。

3. 虚拟制造技术

虚拟制造是对制造过程中的各个环节，包括产品的设计、加工、装配乃至企业的生产组织管理与调度进行统一建模，以软件技术为支撑，借助高性能的硬件形成一个可运行的虚拟制造环境，并在计算机局域／广域网络上，生成数字化产品，实现产品设计、性能分析、工艺决策、制造装配和质量检验。

虚拟制造的特点：①无须制造实物样机就可以预测产品性能，节约制造成本，缩短产品开发周期。②产品开发中可以及早发现问题，实现及时的反馈和更正。③以软件模拟形式进行产品开发。④整个制造活动具有高度的并行性。

把虚拟制造技术应用在模具工业中，可以减少开发周期。产品设计、模具设计、模具制造过程、模具装配调试、试模均在计算机上进行，从而提高了生产效率和产品质量，并降低了生产成本，填补了模具CAD／CAM与生产管理间的鸿沟。

4. 逆向工程技术

逆向工程是对已有的实物模型进行扫描，采集其表面的坐标数据信息，根据采集的数据生成模型表面的线框模型，之后可根据需要对模型进行凹凸模转换、比例缩放、旋转、平移等处理，再自动生成模具的加工程序。自动生成模具的加工程序可适用于广泛的数控系统，这样可以显著减少人力劳动和废料，也提高了模具的制造成功率，对模具的绿色制造起到了积极的推动作用。

5. 快速成型技术

它是近年发展起来的直接根据CAD模型快速生产样件或零件的成型技术的总称。它集成了CAD技术、数控技术、激光技术和材料技术等现代科技成果，是先进制造技术的重要组成部分。快速成型技术的应用已从原型制造发展到了模具制造，只要设计出了模具，无论模具的结构多么复杂，都可以用快速成型技术制造出来，这是传统模具加工所无法比拟的。模具生产周期大大缩短，同时节约了模具生产的费用，有的可减少到传统生产方法的几分之一甚至几十分之一。因此，在实际中真正实现了模具的绿色制造。

绿色设计与绿色制造技术将成为21世纪模具行业的主要发展方向，也是改善工业环境的重要途径。当前，产品和工艺设计与材料选择系统的集成、用户需求与产品使用的集成、绿色制造系统的信息集成、绿色制造的过程集成等集成技术的研究已成为重要研究内容。绿色并行工程是现代绿色产品设计和开发的新模式，它以集成的、并行的方式设计产品及其生命周期全过程，力求使产品开发人员在设计开始就考虑到产品整个生命周期中从概念形成到产品报废处理的所有因素，如质量、成本、用户要求、环境影响、资源消耗状况等。模具实现了绿色设计与制造，将显著加快模具行业的迅速发展，也是模具发展的必然趋势，从而真正实现模具设计与制造高质量、低成本、高效率、低污染的目标。绿色技术将对人类未来的生存环境产生深远的影响。

❓ 思考题

1. 快速模具技术与传统模具制造技术的区别是什么?
2. 什么是直接快速模具制造技术?什么是间接快速模具制造技术?它们分别包含哪些工艺?
3. 硅胶模具的应用场景及优缺点是什么?
4. 简述快速铸造模具的工艺流程。

第六章
产品成型用材料

6

课件

现代汉语中,"产品"意为生产出来的物品,"成型"为产品经过加工达到所需要形状的过程,而"设计"本质上是人类为了达到一定的目的而开展的有计划的创造性活动。由此可见,产品成型设计可以理解为人类为了生产所需产品,选择合适的加工工艺进行成型的创造性活动。

任何实际存在的产品必然由材料组合而成。早在旧石器时代,人类已经可以通过简单的机械加工将石头制成石器工具(图6-1)。在青铜时代,人类发现铜矿石具有良好的塑性变形能力,可通过捶打等塑性加工工艺制成各种形状的工具,也能通过熔融、铸造等方式将其变成形状更为复杂的产品(图6-2)。自工业革命以来,各种新材料、新工艺的出现更是极大地推动了产品的生产以及设计的进步。因此,材料和工艺是产品成型设计的物质基础及技术基础,合理选择材料和成型工艺对产品成型设计至关重要。

图6-1 旧石器时代工具

图6-2 后母戊鼎

第一节　产品成型设计材料概述

对于产品成型设计所用材料，有多种分类方法。例如，按用途可分为结构材料和功能材料；按尺寸可分为零维材料、一维材料、二维材料和三维材料；按物理性质可分为超导材料、导电材料、半导体材料、绝缘材料、高温材料、磁性材料等；按照化学组成可分为金属材料、高分子材料、无机非金属材料、复合材料等。根据产品成型设计的特点，结合功能性、工艺性和美学要求，本节选用化学组成分类方法进行讲解。具体分类见图6-3。

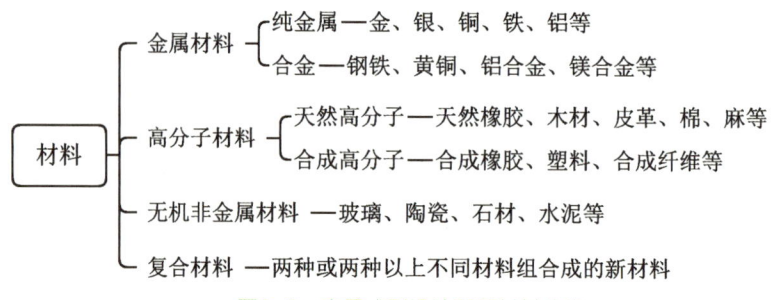

图6-3　产品成型设计所用材料分类

第二节　产品成型用金属材料

金属材料是产品设计常用的基础材料之一，也是重要的工程材料。大多数金属材料都对可见光有强烈反射，形成了金属表面特有的光泽。金属材料通常具有良好的延展性、导电性和导热性，且在室温下形态相对稳定，强度较高。金属材料包括纯金属和以金属为基体的合金材料，主要分为两大类：黑色金属材料和有色金属材料。黑色金属材料是指铁和铁基合金（钢、铸铁和其他铁合金）；而有色金属材料则是指除黑色金属以外的所有纯金属及其合金，常见的有色金属材料有铝合金、镁合金、钛合金、铜合金等。

从原子层级来看，固态金属材料根据原子的排列方式不同可分为两类：晶体和非晶体（也称金属玻璃）。晶体状态的金属材料内部原子在三维空间中呈现有规则的周期性排列，如图6-4（1）所示。而金属玻璃的原子在三维空间中的排列没有长程规律，但在短程内可能存在一定的规律性排列，如图6-4（2）所示。晶体材料具有固定的熔点，如铁的熔点为1538℃，纯铜的熔点为1083℃。当超过熔点时，晶体材料会由固态

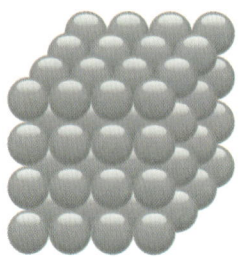　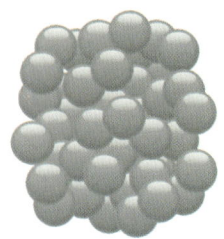

（1）晶体的原子排列示意图　　（2）非晶体的原子排列示意图

图6-4　晶体与非晶体的原子排列示意图

变为液态。相比之下，非晶体材料没有固定熔点，它们会在一定的温度范围内熔化或软化。晶体材料和非晶体材料在一定条件下可以相互转化。例如，部分金属玻璃在长期处于特定温度下加热时会晶化，而某些在常温下呈晶体结构的金属在加热至液态并急速冷却成固体时则可获得金属玻璃。

金属材料是产品成型制造中非常重要的材料之一，广泛应用于生物医疗、模具制造、航空航天、能源、汽车等领域，并具有广阔的应用前景。在增材制造技术中，金属材料主要有粉末状和丝状两种形式。丝状金属材料的应用类似于焊接工艺，主要利用金属加热至熔点时的熔融性质进行成型加工。粉末状金属材料是最常用的增材制造金属材料，常见的增材制造方法有选择性激光烧结（SLS）、纳米颗粒喷射金属成型（Nanoparticle Jetting Metal，NPJ）、电子束熔化（Electron Beam Melting，EBM）、选择性激光熔化（SLM）和激光近净成型（LENS）等。

产品成型制造中常见的金属和合金材料有钢、铸铁、铝及铝合金、铜及铜合金、镁及镁合金、钛及钛合金等。

一、钢

钢是含碳量介于0.02%到2.11%之间的铁碳合金的总称。根据我国国家标准按化学成分分类，钢主要分为非合金钢、低合金钢和合金钢。设计中，常用的不锈钢属于合金钢的一种。不锈钢具有耐大气、蒸汽和水等弱腐蚀的特性，还能抵抗酸、碱、盐等强腐蚀，因此被广泛应用于产品设计、化工、建筑、航空、卫生等领域。如图6-5所示，展示了一些不锈钢制产品。

在传统的加工成型方式中，不锈钢体现出良好的塑性加工性和焊接性能。然而，在传统切削加工中，不锈钢的切削力较大，且导热性差，容易在切削过程中产生局部过热，导致刀具磨损。此外，部分高温合金不锈钢在切削过程中会产生较大的加工硬化，导致刀具使用寿命缩短。不锈钢在加工成型时也存在切削强韧的特点，容易导致粘刀现象发生，从而影响成品的表面粗糙度。

而增材制造工艺中，SLM技术成功解决了传统切削方式加工不锈钢的弊端。利用SLM技术加工不锈钢材料为所需产品，可不受几何形状限制，并且缩短产品开发制造周期，因此适用于高效地制造小批量复杂结构的产品。

最常应用于增材制造工艺的钢材料包括：316L不锈钢、工具钢［M2高速钢、18Ni（300）模具钢］、17-4PH马氏体型不锈钢和15-5PH马氏体时效不锈钢等。316L不锈钢为典型的低碳奥氏体不锈钢，属于含钼的不锈钢品种，其化学成分如表6-1所示。由于316L不锈钢中有钼元素存在，使其抗腐蚀性能优于310及304系列不锈钢。此外，316L不锈钢还具有良好的耐氯化物侵蚀的性能，因此在海洋环境中的应用十分广泛。316L不锈钢的耐高温、抗蠕变性能优异，可用于航空航天、石油化工、食品加工及医疗等领域。工具钢是用于制造各种工具的钢，按用途可分为刃具钢、模具钢和量具钢。刃具钢为制造各种切削工具（如钻头、车刀、锯条和丝锥等）的钢，具有高硬度，良好的耐磨性、热硬性及一定的强度和韧性。常用的刃具钢包括碳素工具钢、合金工具钢和高速工具钢。M2高速钢为增材制造工艺中经常使用的高速工具钢，主要用于制造高速切削刀具。18Ni（300）是一种低碳马氏体时效模具钢，它以无碳或微碳的马氏体为基体，通过添加的Mo、Co、Al、Ti等元素在时效过程中析出的合金化合物形成第二相强化，从而达到超高强度。18Ni（300）模具钢具有优良的焊接性、热塑性和可加工性，并同时具备高强度和高韧性。17-4PH马氏体型不锈钢是添加了Nb的铬镍铜沉淀硬化马氏体不锈钢，具有高强度、高硬度和耐腐蚀的特性。在多数环境中，17-4PH的耐腐蚀性与304不锈钢相当。17-4PH通常应用于中度耐腐蚀的组合或超常高强

图6-5 不锈钢产品

度的应用中。在一些化学物质、日用、食物、纸浆和石油的应用中，17-4PH的耐腐蚀性与304L相当。激光加工状态可为17-4PH带来非常好的延展性，适用于制造轴类和汽轮机零部件等，并且非常适合制作医疗器械。15-5PH马氏体时效不锈钢是在17-4PH钢的基础上发展的马氏体沉淀硬化不锈钢。钢中的铜、铬含量较17-4PH低，镍含量稍高。此钢除具有高强度外，其突出优点是具有高横向韧性及良好的可锻性能。15-5PH的耐蚀性相当于17-4PH，主要应用于要求具有高强度、良好韧性，又要求具有优良耐蚀性的服役环境，例如航空航天、石油化工、食品加工、造纸和金属加工业。

近年来，用于增材制造的不锈钢研究发展迅速。2017年，美国劳伦斯·利弗莫尔国家实验室（LLNL）联合乔治亚理工大学和美国俄勒冈州立大学的阿姆斯国家实验室通过改变激光能量及快速冷却过程，成功制出致密的316L不锈钢增材制造件（图6-6），其不仅可用于航空航天行业制造飞机燃料箱，还可用于核电厂制造高强度压力管。2018年，吉凯恩粉末冶金（GKN Sinter Metals）和保时捷工程公司（Porsche Engineering）合作利用增材制造技术将20MnCr$_5$材料制作成电子驱动动力传动系统部件（图6-7），这种结构仅能由增材制造生产。2020年，吉凯恩粉末冶金正式研发出20MnCr$_5$材料。2021年，山特维克推出一种全新的用于增材制造的材料——超双相不锈钢Osprey 2507金属粉末，并与挪威国家石油公司（Equinor）和优瑞卡（Eureka Pumps）合作，通过增材制造技术制造出一个用于驱动流体通过海底和海底管道内部的叶轮。经过改造的叶轮比传统制造的同类产品更轻、更快，而且几乎完全致密且无裂纹（图6-8）。2021年，世界上第一座不锈钢增材制造智能人行天桥在阿姆斯特丹安装完成（图6-9）。2022年年初，南方科技大学机械与能源工程系高性能材料增材制

图6-6　LLNL联合多个实验室制造出的316L不锈钢增材制造件

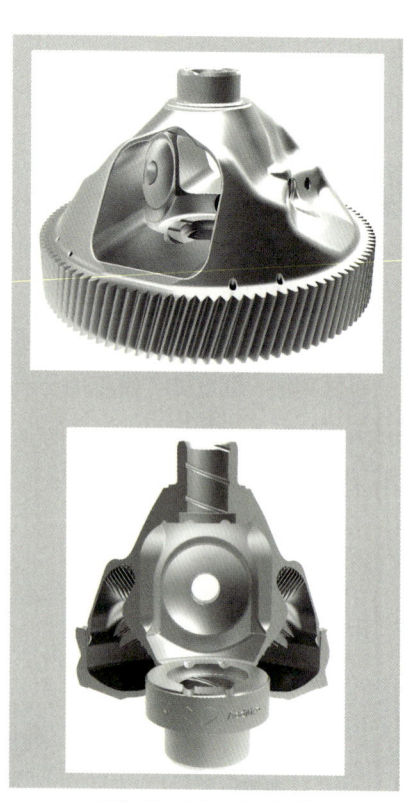

图6-7　20MnCr$_5$部件

造重点实验室白家鸣教授团队通过引入TiC纳米颗粒并应用激光粉末床熔接（LPBF）技术在316L不锈钢中进行晶界工程（GBE），得到的TiC/316L复合材料比传统材料具有更高的密度和更低的孔隙率，316L不锈钢的化学成分见表6-1。

图6-8　山特维克增材制造的叶轮部件

图6-9　荷兰3D打印初始公司MX3D制造的金属桥梁

表 6-1　316L 不锈钢的化学成分　　　　　　　　　　　　　　　　　　　　　　　单位：质量分数 /%

C	Si	Mn	S	P	Cr	Ni	Mo	Fe
≤ 0.030	≤ 1.00	≤ 2.00	≤ 0.030	≤ 0.045	16.00~18.00	10.00~14.00	2.00~3.00	余量

二、铝及铝合金

铝元素在地壳中的含量仅次于氧和硅，居第三位，是地壳中含量最丰富的金属元素。有色金属中的铝合金是产品设计中常用的金属材料。铝合金以铝元素为基体，属于轻质合金，在航空航天、汽车制造、船舶制造等领域有广泛应用。由于强度较高、密度较小，铝合金可用来制作轻薄、坚固的产品，表面处理工艺的多样性也让其外观十分多变，成为各种创意设计、超薄美学设计的主要材料之一。如图6-10所示，展示了铝合金产品。

除了用于常规铸造成型的铝合金外，常用于增材制造技术的铝合金主要有$AlSi_{10}Mg$和$AlSi_{12}$。$AlSi_{10}Mg$铝合金在传统制造中是一种铸造铝合金，具备良好的强度、硬度和动态属性，常用于生产具有薄壁和复杂结合结构的铸件，也用于生产承受高载荷的零部件。北京康普锡威科技有限公司在2020年推出了适用于金属增材制造的高流动性铝基合金粉末材料，并已在航空航天、汽车交通等领域获得批量应用，粉末产品特性及打印制件均有良好表现（图6-11）。$AlSi_{12}$也是一种铸造铝合金，常用于制造薄壁和复杂几何零件。

近年来，不断有研究机构开发出新的适用于增材制造技术的铝合金。2015年，空客防务和航天公司在英国宣称，他们已经使用铝合金生产了第一个航天质量的增材制造部件（图6-12）。这个增材制造铝质支架的作用是在E3000上安装遥测和遥控天线。2016年，空客又使用Scalmalloy（高性能铝基合金）增材制造出全球第一辆仿生电动摩托车Light Rider（图6-13）。由于使用了铝合金增材制造技术，Light Rider的重量仅有35千克，但强度与普通摩托车不相上下。

2019年，我国航天科工旗下长沙新材料产业研究院通过添加稀土元素及化学成分调

图6-10　铝合金产品　　　　　　　　　　　图6-11　铝合金的增材制造部件

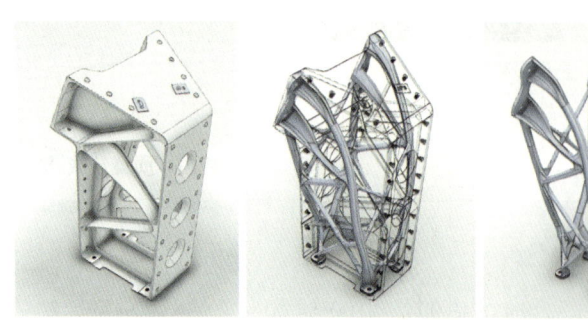

图6-12　Eurostar E3000的增材制造铝合金支架　　　图6-13　Light Rider仿生电动摩托车

整、后处理工艺摸索等手段，成功研制出了一种高强铝合金粉末材料AlMgScZr，并获得了国内航空航天领域的应用验证。同年，捷龙一号遥一火箭在酒泉卫星发射中心点火起飞，以"一箭三星"的方式将"千乘一号01星"卫星送入预定轨道。"千乘一号"卫星主结构是目前国际首个基于增材制造点阵材料的整星结构。"千乘一号"整星结构采用面向增材制造的轻量化三维点阵结构设计方法进行设计，点阵结构如图6-14所示。整星结构通过铝合金增材制造技术一体化制备。2020年，空客旗下APWORKS宣布其铝合金Scalmalloy已被FIA（国际汽车联合会）作为认可的增材制造材料添加到一级方程式赛车的法规中。Scalmalloy最开始在航空航天领域使用，随后空客发现它也可以应用到其他高性能场合，例如赛车运动中（图6-15）。同年，我国中车工业研究院通过大量成分设计和实验验证，设计研发了一种新型增材制造专用高强铝合金粉末材料CRRC-HAP-1，突破了空客的技术壁垒，可满足国内轨道交通装备和航空航天等高端制造零部件增材制造的需求（图6-16）。

三、铜及铜合金

与铝类似，铜也是市场上需求最大的有色金属之一。铜及铜合金是人类最早使用并广泛应用的金属材料之一。金属铜具有高导电导热性、高反射性、高表面光洁度、良好的延展性，并且耐腐蚀，可回收，可焊接或冷、热压力加工成型，是电力、化工、航空、交通等领域不可或缺的重要金属材料。按合金系划分，铜可分为非合金铜和合金铜。其中，非合金铜又称纯铜。纯铜较软，单质呈紫红色，切面呈橙红色，并带有金属光泽。因此，纯铜又称为紫铜或红铜（图6-17）。由于其独特的色彩，纯铜经常被运用到产品设计中。常用的合金铜包括：白铜、黄铜和青铜。白铜为以镍为主加元素的铜合金，黄铜为以锌为主加元素的铜合金，而青铜为以除镍和锌外的其他元素为主加元素的铜合金。白铜被广泛应用于制造精密机械、眼镜配件、化工器械、船舶构件和电工类产品（图6-18），黄铜常被用于制造阀门、水管、工艺美术装饰品等（图6-19），青铜的铸造性好、耐磨，化学性质稳

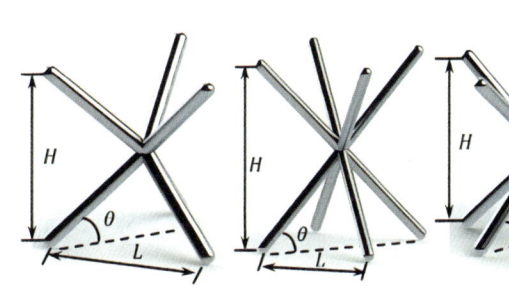
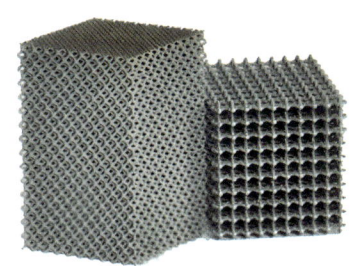

图6-14 点阵结构示意模型

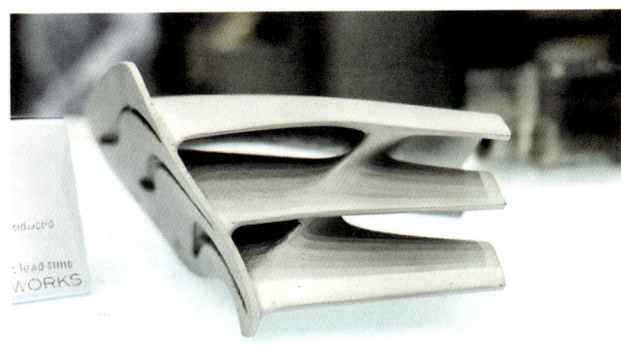

图6-15 由Scalmalloy制造的赛车用前段叶部件

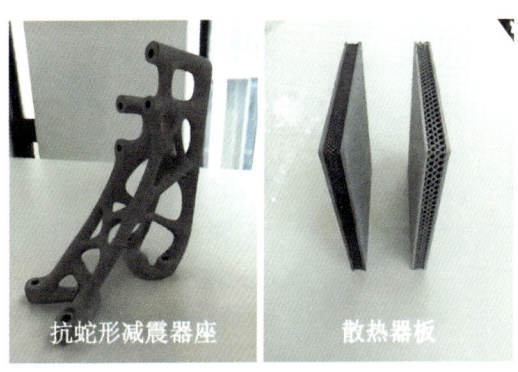

图6-16 中车工业研究院采用CRRC-HAP-1打印的轻量化轨道交通装备零部件样件

图6-17 红铜制品

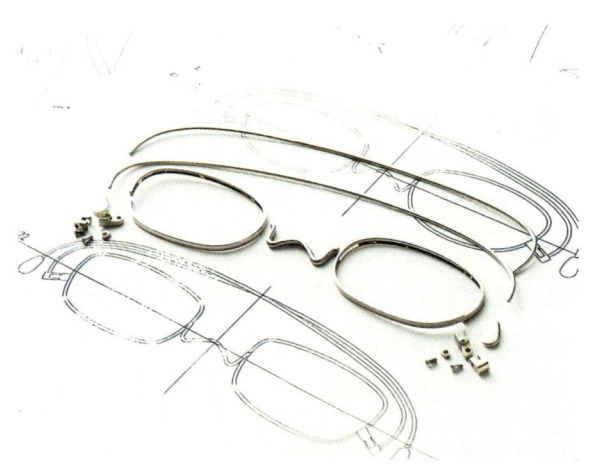

图6-18 Paperglass 白铜眼镜

图6-19 黄铜制品

定。适合制作各种器具、机械零件、轴承、齿轮等（图6-20）。

常用于增材制造工艺的铜金属材料包括：纯铜粉末、片材及丝材、Cu_1、Cu_2、CuCrZr、CuNiSi、$CuSn_{10}$、GRCop-84等铜合金粉末、纯铜粉末与树脂的混合浆料等。各材料与增材制造工艺的对应关系如图6-21所示。

对于铜及铜合金来讲，激光增材制造的最大难点为其激光发射率高，吸收率低，激光不能被有效利用，且反射的激光会伤害电子元件，而且激光增材制造很难使其形

图6-20 青铜制品（左上：四羊方尊；右下：卡利亚青铜垂褶椅）

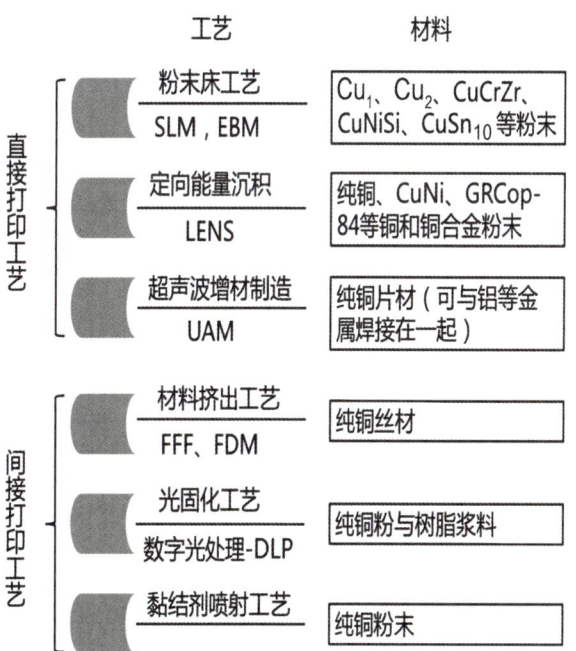

图6-21 铜和铜合金的增材制造工艺概览

成平整表面。如今，激光增材制造引入515nm连续绿色激光器、450nm蓝色激光器，并采用合金化或表面镀膜的方法提高铜及铜合金的激光吸收率。另外，中国国家标准GB/T 41882—2022《增材制造用铜及铜合金粉》已于2023年开始实施。标准内规定了铜及铜合金粉检测的关键指标。

铜及铜合金的增材制造技术主要应用于电力、航空航天、热能、动力系统等领域。2005年，NASA开发出GRCop-84合金（8%Cr，4%Nb），这种材料具有优异的导电、热膨胀、强度、抗蠕变、延展性和低频疲劳等性能。NASA于2015年成功将GRCop-84合金粉末打印成全尺寸燃烧室衬套（图6-22）。2021年，Sintavia公司宣布为铜材料GRCop-42开发了专有打印技术。Holo公司基于DLP的纯铜增材制造工艺，其专有的PureForm技术，利用高分辨率光学成像仪对纯铜粉和光敏树脂混合而成的浆料进行增材制造，并结合已经非常成熟的金属注射成型（MIM）后端工艺，对打印后的生坯进行脱脂和烧结，最终生产出高性能零件（图6-23）。德国Additive Drives公司通过增材制造技术实现了更高的自由度，通过SLM金属增材制造工艺最大限度提高凹槽中铜材料的填充率，这意味着更大的横截面和较小的电阻。通过SLM实现的形状还有利于散热，因为每条电线都与线圈的叠片铁芯形成强制传热，因此散热充分，无过热点。这种结构可用于赛车引擎（图6-24）以及电动自行车

图6-22 NASA增材制造全尺寸GRCop-84铜合金燃烧室衬套

图6-23 Holo公司增材制造的纯铜制品

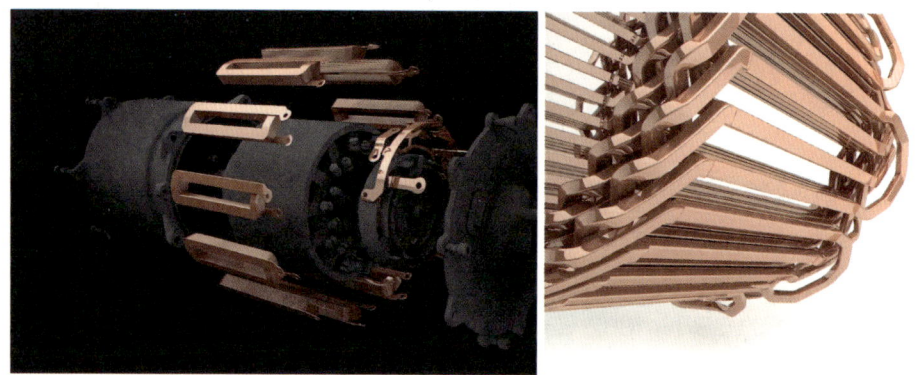

图6-24 Additive Drives 增材制造电动机定子绕组的赛车引擎

（图6-25）中。2021年年初，Digital Metal宣布推出纯铜增材制造材料（图6-26），成为第一个为黏结剂喷射增材制造系统提供官方认证的纯铜材料和工艺的设备商。

$CuSn_{10}$作为一种铸造锡青铜易于成型，很多涉及铜材料的模型或工艺品打印选用$CuSn_{10}$材料。$CuSn_{10}$合金强度较高，耐磨和耐腐蚀性能优良，可以用于制造叶片、齿轮等耐磨零件，但其导电导热性能不高。$CuSn_{10}$属于目前增材制造铜合金材料中的常规产品。$CuSn_{10}$粉末的特点是流动性好、球形度高、氧含量低、卫星粉少、松比震实密度高，可用于航空航天、散热器、汽车、医疗器械等的增材制造。

CuCr合金是一种典型的沉淀强化型铜合金，Zr元素的加入可以促进Cr相析出，改善析出相分布，同时Zr与Cu形成的铜锆化合物可起到沉淀强化的作用，因此CuCrZr合金力学性能优异。CuCrZr铜合金的典型应用是火箭发动机零部件制造。由于燃烧室燃烧温度极高（超过3000℃）以及高温高压及高速燃气对材料有很强的侵蚀，火箭发动机对发动机内衬及相关零部件材料要求非常高。近年来，国内航天单位围绕火箭发动机推力室零件的增材制造开展了较多研究和开发工作，CuCrZr是其中使用的材料之一。

2019年，SLM Solutions公司推出了新型$CuNi_2SiCr$铜合金材料产品。$CuNi_2SiCr$是一种可热处理硬化铜合金，在具有高强度的同时也具有良好的电导率和导热率，合

图6-25 Additive Drives 增材制造电动自行车的可变式铜线圈

（1）号角天线

（2）散热器

图6-26 Digital Metal 增材制造的纯铜制品

金中的镍和硅元素也使其具有很高的耐腐蚀性和耐磨性。CuNi₂SiCr热处理后的强度明显高于CuCrZr等材料，同时还能保持一定的导热率和导电率，已经能够满足部分模具制造要求和导电件要求，因此在模具和电气领域有重要应用。

四、钛合金

钛是一种非常重要的结构材料，它的耐热性好、密度小、强度高、抗腐蚀性强、生物相容性优异。钛金属是一种稀有金属，在自然矿物中较分散，难提取，因此价格较高。钛金属可与铁、铝、锰、铬、钒、硅等元素熔融形成钛合金。钛合金因其质地轻、抗腐蚀、强度高等特点被广泛应用于航空航天、海事装备以及生物医学等领域（图6-27）。

常用于增材制造的钛合金材料有：Ti6Al4V、TA15、TC11、NiTi，以及TiAl合金。其中，Ti6Al4V的合金牌号为TC4，是一种综合力学性能较好的α+β型钛合金，它密度低，比强度高，具有良好的耐蚀性，生物相容性好，在航空航天、医疗领域得到了广泛应用。TA15钛合金的名义成分为Ti-6.5Al-2Zr-1Mo-1V，是一种短时高温近α型钛合金。它具有良好的焊接性和热稳定性，在航空航天领域应用十分广泛。TC11钛合金的名义成分为Ti-6.5Al-3.5Mo-1.5Zr-0.3Si，是一种α+β型耐热钛合金，在500℃以下具有优异的高温强度和蠕变抗力，其室温强度也较高。TC11钛合金主要用于制造航空发动机的压气机盘、叶片等零件。NiTi合金是一种形状记忆合金，它在高温下加工成一定的形状，而后冷却至低温再进行一定限度的塑性变形，然后加热到高温状态时，又可以恢复到低温变形前的形状。由于其具有良好的形状记忆特性，NiTi合金常被用于航空航天和医疗领域，可用来制造汽车上的线制动器和热制动器、航天用月球天线、血管内支架以及医用可变刚度植入物等。TiAl合金的使用温度高、强度高，难于塑性加工成型，但其为一种

（1）SR-71侦察机

（2）奋斗者全海深载人潜水器

图6-27 钛合金被广泛应用

非常重要的航空航天发动机材料,增材制造技术将使其应用前景更加明朗。2020年,Norsk Titanium公司宣布向波音交付新的787梦幻客机组件。Norsk使用的快速等离子体沉积工艺(RPD)是一种经过FAA认证的OEM合格的增材制造工艺,通过使用钛丝转变为适用于结构和安全关键应用的复杂组件,可为航空航天、国防和商业客户节省大量的交货时间并节省成本。

钛是一种牢固、耐用、轻盈、应用广泛的金属,在高性能车辆、高品质体育用品中均有运用。

传统的汽车轮毂材料通常是铝合金,通过铸造和机械加工技术制造轮毂的过程中产生了大量的材料浪费。2018年,轮毂制造商HRE与GE合作,通过电子束熔融增材制造技术制造钛合金汽车轮毂,这是第一款增材制造钛合金汽车轮毂。HRE采用轻量化设计与Arcam的电子束熔融增材制造技术制造轻量化轮毂,能够实现材料的节省。钛合金具有明显优于铝合金的强度/重量指标以及耐腐蚀性,因此它是车轮轮毂制造的理想材料,但采用传统工艺制造钛合金这种高成本材料是非常昂贵的,增材制造轻量化设计与在材料方面的节省,为该技术在制造钛合金汽车轮毂中的应用提供了可能性(图6-28)。

2018年平昌冬奥会中,中国短道速滑国家队所使用的部分短道速滑手指指扣是采用华曙高科金属增材制造解决方案为运动员量身定制的,在保证基本尺寸的情况下其外观可根据运动员进行多种设计。该钛合金增材制造的指扣舒适轻便,首次采用金属材料,每只仅重2.5g,相比传统塑料件重量减轻约40%。其比强度高:保证强度的同时,比传统塑料件壁厚减少了3/4,重量不增反降,有助于提升运动员的运动活力;且有更低阻力:经打磨抛光后,增材制造钛合金指扣表面粗糙度更低,相对于传统产品进一步降低阻力;高匹配度:指扣内壁根据运动员的手指形状、大小进行设计,曲面设计与手指形状完美贴合,保证每根手指无较大空隙,同时完美包裹;个性化定制:在保证基本尺寸的情况下其外观可根据运动员需求进行多种设计,让艺术与运动完美结合(图6-29)。

图6-28 基于电子束熔融的增材制造钛合金汽车轮毂

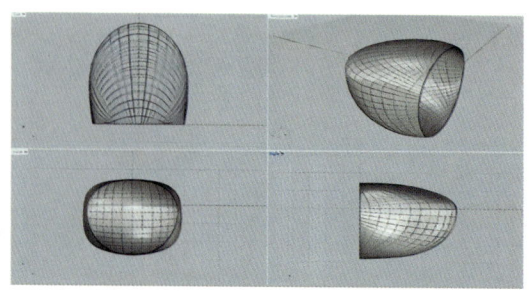

图6-29 增材制造钛合金指扣

钛合金形状记忆合金的增材制造在创意产品设计中也有良好应用。如图6-30所示莲花灯是一种散发香味的台灯,灯泡亮时花瓣会受热打开。其依靠传统的灯笼制作技术和增材制造技术,使用了记忆合金材料,在材料加热和冷却时可记住两种形状。

图6-30　增材制造钛合金可变形莲花灯

第三节　产品成型用无机非金属材料

无机非金属材料是除了金属材料、有机高分子材料、复合材料之外的材料的总称。陶瓷、玻璃、水泥等都是常见的无机非金属材料。陶瓷材料是人类使用的最古老的材料之一,但其在增材制造领域属于比较"年轻"的材料。这是因为陶瓷材料大多熔点很高,甚至无熔点(如SiC、Si_3N_4等),难以利用外部能场进行直接成型,而且大多陶瓷材料在成型后需要进行再处理(烘干、烧结等)才能获得最终成品,这极大限制了陶瓷材料在增材制造领域的应用。然而其有硬度高、耐高温、物理和化学性质稳定等聚合物和金属材料不具备的优点,在航天航空、电子信息、汽车、新能源制造、生物医疗等行业有广泛的应用前景。增材制造的成型方式有更高的结构灵活性,有利于陶瓷的定制化制造或提高陶瓷零件的性能。下面分别以传统无机非金属材料和先进无机非金属材料为例,介绍增材制造用无机非金属材料(图6-31)。

一、增材制造用传统无机非金属材料

传统无机非金属材料主要包括黏土、水泥及硅酸盐玻璃等。传统无机非金属材料的原料多为天然的矿物原料,分布广泛且价格低廉,适用于日用陶瓷、卫生陶瓷、耐火材料、建筑材料等的制造。传

图6-31　无机非金属材料制品

统无机非金属材料的成型大多需要模具，将增材制造工艺应用于陶瓷或玻璃制品的制造中，可以实现无机非金属材料制品的定制化，提高附加值，并有可能赋予其独特的艺术价值。

黏土矿物是应用最为广泛的陶瓷原料，其特性是与水混合后具有可塑性，这种可塑性是许多常用的成型工艺的基础。将黏土加入适量的水制成可塑性良好的陶泥后，便可以进行增材制造的挤出成型工艺。采用增材制造的挤出成型工艺制造的陶瓷器件能够保留工艺特有的层纹，具有独特的美感。成型后的陶瓷坯体经过烘干、烧结、上釉之后就能得到陶瓷器件。这种工艺和耗材成本不高，适于教育和文化创意行业。

在增材制造领域中所使用的混凝土材料比传统混凝土材料要求更高，例如其在传送和挤出过程中要有足够的流动性，挤出之后要有足够的稳定性，硬化后要有足够的强度、刚度和耐久性等。为了满足增材制造工艺的要求，混凝土浆体必须达到特定的性能要求。首先是可挤出性，在增材制造中，混凝土浆体通过挤出装置前端的喷嘴挤出进行打印，为了在打印过程中不致堵塞，要保证浆体顺利挤出。其次，混凝土浆体要具有较好的黏聚性。一方面，较好的黏聚性可以保证混凝土在通过喷嘴挤出的过程中，不会因浆体自身性能的原因出现间断；另一方面，增材制造工艺是经层层累加而得到最终产品的，因此层与层之间的结合属于增材制造混凝土的薄弱环节，是影响硬化性能的重要因素，而较好的黏聚性可以最大程度减弱打印层负面的影响。但是可挤出性和黏聚性能够保证前期的打印和硬化后的性能，却难以保证打印的全程可以顺利进行。

覆膜砂是铸造中常用的造型材料。传统的覆膜砂需要借助模具进行成型，生产的模具的形状复杂程度有限且生产成本高，不适合生产小批量铸件。增材制造技术可以实现铸型（芯）的整体制造，省去了传统铸型（芯）多块拼接的过程，节约时间成本的同时，提高了铸件精度。采用热固性树脂包覆（如酚醛树脂包覆ZrO_2、SiO_2、Al_2O_3和SiC的方法制得），利用激光烧结的方法，结合后处理工艺，包括脱脂及高温烧结，制得的原型可以直接当作铸造用砂型（芯）来制造金属铸件。其中ZrO_2具有更好的铸造性能，尤其适合具有复杂形状的有色合金铸件，也可以直接制造工程陶瓷制件，烧结后再经热等静压处理，零件最后相对密度高达99.9%，可用于含油轴承等耐磨、耐热陶瓷零件的制作。

二、增材制造用现代无机非金属材料

陶瓷的SLA技术最早是从陶瓷的流延成型和凝胶注模技术发展而来的，其制件精度高、表面质量和性能好，是目前增材制造技术中发展和推广最快的技术，一些公司已经推出了商业化的增材制造设备及配套耗材。而且，其氧化物陶瓷物理和化学性质稳定，烧结工艺比较简单，是陶瓷增材制造研究最多的材料。适用氧化物陶瓷的增材制造工艺有3DP、SLS、FDM、DIW、SLA、SLM、LENS等。基于粉体的3DP和SLS利用液态或低熔点有机黏结剂进行成型，由于得到的素坯致密度较低，在烧结过程中难以实现完全的致密化，多用于成型多孔陶瓷；SLS与等静压技术结合的工艺和基于浆料的SLS工艺都可有效提高素坯的致密度，实现致密氧化物陶瓷的制造。DIW使用的耗材为适用于挤出的陶瓷膏体，多采用羟基磷灰石、磷酸钙、生物玻璃等生物陶瓷的组织工程支架制造。将经过亲水处理的纳米石英粉末、四乙二醇二甲醚和聚二甲基硅氧烷（PDMS）混合制得适合打印的陶瓷墨水，通过DIW打印、干燥和烧结后，可制造出高透明度的石英玻璃。SLA陶瓷材料以高固含量陶瓷光敏浆料或膏体为主，常用材料有氧化硅、氧化铝、氧化锆、羟基磷灰石、磷酸钙、锆钛酸铅等。SLS、SLM和LENS技术具有一些相同点，均是利用高能激光束烧结或熔化氧化物陶瓷粉末进行成型，但目前这些方法尚不成熟，存在热应力大、制件易产生缺陷、精度较低等问题。

碳化物和氮化物陶瓷是非氧化物陶瓷的代表，具有高温力学性能优异、热稳定性良好、硬度高等优点，但目前碳化物和氮化物是增材制造技术中的难点，主要原因如下：

（1）碳化物和氮化物的熔点很高，甚至无熔点，难以采用高能束直接熔化成型。

（2）碳化物和氮化物在高温环境下易与氧发生反应生成低温相，影响制件的高温性能。

（3）增材制造所使用的大多为有机黏结剂，成型后有机残碳难以完全去除，影响致密化过程。目前较有效的适合碳化物和氮化物的增材制造工艺主要有SLS、DIW和SLA。SLS是目前研究较多的适合碳化物和氮化物的增材制造工艺。

生物陶瓷具有高硬度、高强度、低密度、耐高温、耐腐蚀等优异性能，在医学骨替代品、植入物、齿科和矫形假体领域有着广泛应用。但生物陶瓷韧性不高，硬而脆的特点使其加工成型困难，采用增材制造技术制备生物陶瓷，已在近年来取得长足的进步。医用无机非金属材料主要包括生物陶瓷、生物玻璃、氧化物及磷酸钙陶瓷和医用碳素材料。其中，生物陶瓷又包括磷酸钙、双相磷酸钙、硅酸钙/β-磷酸三钙等材质，目前仅用于骨骼等硬组织打印。

三、无机非金属材料在产品成型制造中的应用

1. Kwords杯子（设计：LiaoCao Design）

Kwords杯子灵感来自汉字之美，杯底的每个字符都是三维设计中Kwords杯子的基础。增材制造技术和传统手工薄瓷技术的结合产生了Kwords杯子（图6-32）。

2. SORVO SET咖啡杯套装

SORVO SET咖啡杯套装：一套两个咖啡杯和碟子造成了临界点的错觉。套装由增材制造青铜和增材制造瓷器组成（图6-33）。

3. 玻璃增材制造产品

传统的玻璃制品，需要经过加热、塑型、吹制、上色、冷却等多道复杂工序。麻省理工学院研究者开发出3D立体打印玻璃的技术，将增材制造机改造成类窑炉的容器，能直接在增材制造机内部加热、塑型、冷却。玻璃3D打印（Glass 3D Printing，G3DP）技术，是根据双层加热炉的概念而成，3D打印机的上层负责加热玻璃至1037℃，将其熔成液态，然后透过同样耐高温的硅酸铝氧化锆陶瓷喷头喷出，将液态玻璃一层层塑造成设计模型，下层则是负责慢慢降温、冷却（图6-34）。

4. 科勒增材制造艺术陶瓷台盆

2021年，厨卫品牌科勒KOHLER与当代艺术家丹尼尔·阿尔什哈姆（Daniel Arsham）合作推出Rock.01限量版增材制造艺术陶瓷台盆。台盆部分由增材制造釉面陶瓷和手工浇灌黄铜所构成，经过高压工艺锻造的黄铜"岩石"具有铜绿光泽（图6-35）。

5. CERAMBOT陶瓷3D打印机

陶瓷非常适合日常使用：耐用，食品安全，耐热，机械强度高，可持续。CERAMBOT是一款功能齐全的陶瓷3D打印机，可在几分钟内完成打印。只需将挤出机连接到打印机机身，然后用黏土填充墨盒，连接到打印机并选择设计。完成打印后，黏土制品需要在窑炉里烧制，使之变硬、坚固，经久耐用（图6-36）。

图6-32　Kwords杯子

图6-33　SORVO SET咖啡杯套装

6. 陶瓷材料的SLS增材制造

SLS技术最初主要应用于高分子材料的成型,利用高能CO_2激光光束的热效应使材料软化或熔化,形成一系列薄层,然后逐层叠加,最终形成三维实体零件。1995年,Subramanian等首次将SLS技术应用于陶瓷零件的成型,从此,利用SLS成型技术制造高精度、复杂形状的陶瓷零件成为研究的前沿课题。

按照基体材料的不同,用于陶瓷零件成型的SLS技术可分为基于浆料的SLS技术和基于粉末材料的SLS技术。

(1)基于浆料的SLS技术。西安交通大学田小永等利用浆料SLS工艺直接制造陶瓷零件。这种方法用浆料作为激光的作用对象,使粉末均匀分布于浆料中,烧结后的初始形坯密度也较高。成型过程中,每一层的送料通过刮刀实现,激光按照指定路径扫描后完成单层的干燥,然后进行下一层的操作,如此逐层累积、叠加,最终直接制造出陶瓷零件。

中国台湾台北科技大学采用完全水解的聚乙烯醇作为黏结剂,利用胶体科学的原理,配置分散性好的Al_2O_3陶瓷浆料,然后在激光的作用下逐层烧结、累积成型,得到

图6-34 玻璃增材制造产品

图6-35 科勒增材制造艺术陶瓷台盆Rock.01

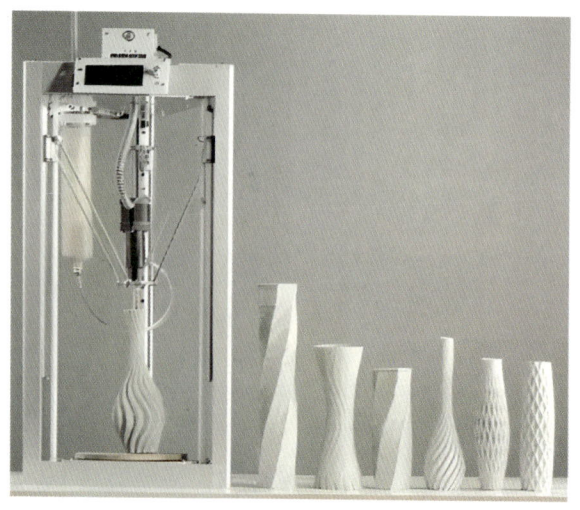

图6-36 CERAMBOT陶瓷3D打印机

三维陶瓷形坯，然后经过脱脂、高温烧结，最终使陶瓷零件的平均相对密度达到了98%。由于在成型过程中，下一层开始成型前，需完成对上一成型层的干燥，干燥过程用时较长，因此零件成型非常缓慢，难以满足未来陶瓷零件批量高效制造的需求。这也是基于浆料的SLS技术的共同缺点。

（2）基于粉末材料的SLS技术。由于不需要干燥环节，基于粉末材料的SLS技术可以显著提高零件的成型速度。其成型过程如下：首先在工作台上铺一薄层粉末，然后利用CO_2激光束按照各层截面的信息，对需要黏结的粉末进行扫描，被扫描区域的粉末材料由于烧结或熔化黏结在一起而未被扫描区域的粉末仍呈松散状，可重复利用；工作台在加工一层后下降一个层厚的高度，再进行下一层铺粉和扫描，层与层之间黏结在一起，逐层堆积，直到成型出整个零件，最终将零件取出。

该技术将CNC、CAD、激光加工技术和材料科学技术结合在一起，优势如下：

① 应用范围广泛，可用于模具、汽车、家电等许多领域；

② 可与传统工艺技术相结合，为传统制造技术带来了新的生命力；

③ 成本低，周期短，适用于新产品的开发，也适用于复杂形状零件的成型；

④ SLS技术所能使用的成型材料种类比其他增材成型技术更多，理论上任何加热后可以黏结的粉末都可利用SLS成型。

在用SLS成型高分子制品时，利用聚合物材料的低熔点特性可使其充分烧结，从而得到成品。然而由于陶瓷粉体的熔点较高，且初始堆积密度较低，因此激光难以对其进行直接烧结。一般使用SLS成型陶瓷制品前，先将不易熔的陶瓷粉与高聚物黏合剂混合或包覆，再用激光熔化黏合剂，使各层间的黏合剂互相结合，得到原始形坯，再经过脱脂、高温烧结等工艺，最后得到成型制品。

可采用SLS工艺成型的陶瓷粉体材料种类繁多，来源广泛，成型后成型质量好，成型稳定性好；由于SLS工艺的高效性，在复杂结构陶瓷零件的制造中有着巨大的应用前景。

（3）SLS/CIP/FS复合成型技术研究现状。利用SLS技术制作复杂陶瓷制品，由于其成本低、周期短、节省材料等特点，已成为目前陶瓷制品的一个重要研究领域。SLS工艺生产的陶瓷产品具有相对密度低、机械性能差的缺点，通常采用浸渗、形成液相等工艺来提高产品的相对密度，但是SLS陶瓷制品的成分控制、精度和性能仍然不高。

冷等静压力技术（Cold Isostatic Pressing，CIP）可对SLS制作的初始形坯进行强化。CIP技术是一种通过在一定温度下，将等向均一的压力作用于橡胶包覆中的粉末的成型工艺，它利用乳化液、油等介质的均匀性，从而促使粉末颗粒的位移、变形、破碎，减少粉末之间的间隙、增大颗粒的接触，从而获得特定的尺寸、形状和密度。采用CIP工艺生产的压坯，组织结构比较均匀，没有明显的组分偏析现象。然而，常规CIP工艺仍有一些不足之处：粉末因受橡胶包裹而不易控制成型尺寸；复杂的部件很难加工，目前仅适用于管形和长轴形陶瓷部件的生产；由于橡胶包覆设计难度大，制作工艺烦琐。

利用CIP技术直接处理SLS陶瓷初始形坯，然后对SLS/CIP形坯进行脱脂及高温烧结（Furnace Sintering，FS）处理以获得高致密度高性能复杂结构的增材制造陶瓷零件，这被称作陶瓷零件的SLS/CIP/FS复合成型技术。该技术为增材制造高致密度、高性能复杂结构陶瓷零件提供了新的途径，有利于加快我国陶瓷制造业的发展。SLS/CIP/FS复合成型技术的具体过程如下：首先制备SLS成型用陶瓷-高分子复合粉末，采用SLS技术制造出陶瓷零件初始形坯，然后对初始形坯进行CIP处理以提高其致密度，再进行脱脂低温预烧结处理，获得具有一定强度的多孔陶瓷零件形坯，最后进行FS处理，获得最终高致密度的陶瓷零件。

SLS/CIP/FS复合成型工艺并非几种工艺的简单组合，它充分发挥了各种工艺的优势，其特征在于：利用SLS成型"分层、堆积"的特性，不需要考虑结构的复杂性，可以根据产品的3D模型，成型任意形状的坯体；利用CIP技术均匀致密化的特点，在保持零件形状不变的基础上使SLS初始形坯密度增加；脱脂及FS处理工艺路线的制定需考虑SLS/CIP陶瓷形坯所用黏结剂种类、含量、分布方式的特点。

总之，SLS/CIP/FS复合成型工艺比其他陶瓷成型工艺具有柔度高、成型零件致密性高、制造成本低等优点，并且在复杂结构陶瓷件中有很好的应用前景。因此，对陶瓷制品进行SLS/CIP/FS复合成型工艺的研究是非常有意义的。

第四节　产品成型用高分子材料

高分子材料又称聚合物材料，它是由高分子化合物作为基质，与其他添加剂（助剂）混合而成。常见的高分子材料包括橡胶、纤维、薄膜、塑料、胶黏剂、油漆等。高分子材料的来源可分为天然高分子、合成高分子、高分子复合材料等。天然高分子材料一般指纤维素、棉花、淀粉、蚕丝、皮毛等。合成高分子材料包括塑料、橡胶、化纤、涂料和黏合剂，由聚合物和其他材料混合而成的多相材料被称作高分子复合材料。高分子材料与工业产品的设计有着紧密的联系，但是其种类和特性却不尽相同。塑料、橡胶、木材是目前应用最广泛的三大高分子材料。在增材生产中，常用的高分子材料有工程塑料、通用塑料、液体光敏树脂、生物医用高分子材料（生物油墨）等。近年来，高分子增材制造技术不仅被应用于航空和航天方面，而且在汽车零件的加工和制造中也得到了广泛的应用。与此同时，随着《中国制造2025》的实施，我国汽车工业的轻量化、智能化发展问题日益受到重视，并且成为今后发展的方向。

一、工程塑料与通用塑料

制造工程结构件的塑料被称为工程塑料，其强度高、韧性好，广泛应用于电子、电气设备、汽车、建筑、办公设备、机械、航空航天等行业。通用塑料的产量大、用途广、成型性好、价格低廉，目前几乎所有的通用塑料都可应用于增材制造。

ABS工程塑料

ABS工程塑料是一种复合工程塑料，是目前产量最大、应用最广泛的聚合物之一。ABS塑料是由丙烯腈、丁二烯和苯乙烯组成的共聚物，原料通常呈半透明的乳白色。其中，A为丙烯腈，B为丁二烯，S为苯乙烯。丙烯腈具有高强度、热稳定性及化学稳定性；丁二烯具有坚韧性、抗冲击的特性；苯乙烯具有易加工、高强度的特性。ABS塑料综合了上述三种成分的性能，从而具有良好的耐冲击性能、流动性能、抗拉强度和表面硬度，并且其耐热性、刚性、低温性能以及电性能都很好。此外，ABS塑料的成型加工性和二次加工性良好，可采用注射、挤出、热成型等方法成型，可进行锯、钻、链、磨等机械加工，也可使用三氯甲烷等有机溶剂进行粘接，还可进行涂饰、电镀等表面处理。ABS塑料制品尺寸稳定性好，表面质量高，很少发生塑化后收缩的现象。ABS工程塑料可与多种树脂配成共聚物，比如PC/ABS、PVC/ABS等，从而产生新的性能。在增材制造中，ABS是FDM工艺常用的热塑性塑料。

聚酰胺（尼龙、PA）

聚酰胺塑料又称尼龙，原料为白色或浅黄色半透明固体。其优点是无毒无味，易着色，具有优良的机械强度，如抗拉性、坚韧性、抗冲击性、耐溶剂性以及电绝缘性，由于其优异的耐磨性和润滑性，PA是一种优良的自润滑材料。PA的缺点是吸湿性较大，因而影响其性能和尺寸稳定性。PA塑料加工性能好，可采用多种成型方法，制品表面有光泽且坚硬。常用来制造各种机械和电器零件，如叶片、轴承、齿轮、密封圈、电缆接头等，也可用于制造包装袋和食品薄膜等。增材制造常用的PA材料及性能见表6-2。

聚碳酸酯（PC）

聚碳酸酯塑料是一种无定形热塑性塑料，原料呈无色或淡黄色。其优点是无毒无味，具有优良的力学性能、抗冲击性、抗蠕变性、耐热性、耐寒性和耐候性，可在-60℃到120℃环境中长期使用。PC塑料的电绝缘性能优异，尺寸稳定性较好，具有自熄性和高达85%的高透光性。PC塑料具有优良的加工成型性，废旧料可再回收利用，是一种综合性能良好的工程塑料，所以适合制作精度高、外形复杂的产品、透明薄膜和各种板材、管材、型材等。

PC塑料应用广泛，可制作各种结构材料和工具壳体、船舶部件、汽车尾板、指示灯、仪表板、装饰带和外壳体部件，以及大型灯罩、防护玻璃、飞机驾驶室风挡玻璃等。

聚醚醚酮（PEEK）

PEEK是一种特种高分子材料，一般采用与芳香族二元酚缩合而得。它由主链结构中含有一个酮键和两个醚键的重复单元所构成。PEEK也是一类半结晶高分子材料，其化学性能稳定性好，对酸、碱及几乎所有有机溶剂都有很强的耐腐蚀能力，同时具有阻燃、抗辐射等性能。PEEK的软化温度为168℃，熔点为334℃，抗拉强度为132~148MPa，耐高温性能十分突出，瞬间使用温度可达300℃。其刚性大，尺寸稳定性好，线胀系数较小，接近于金属铝材料。PEEK耐滑动磨损和微动磨损的性能优异，尤其是能在温度小于250℃的环境下保持高耐磨性和低摩擦因数。此外，PEEK易于挤出和注射成型。由于PEEK具有优良的综合性能，在许多特殊领域可以替代金属、陶瓷等传统材料，在机械、石油化工、航空航天、轨道交通、电子电器设备和医学等领域有广泛的应用。

虽然PEEK具有许多优良性能，但是价格昂贵，限制了其在一些领域的应用。另外，它的冲击强度较差，为了进一步提高其性能，以满足各个领域的综合性能和多样化需要，可采用填充、共混、交联、接枝等方法对其进行改性，以得到性能更加优异的PEEK塑料合金或PEEK复合材料。PEEK与PTFE共混制成复合材料，具有突出的耐磨性，可用于制造滑动轴承、动密封环等零部件；PEEK用碳纤维等填充改性，制成增强PEEK复合材料，可显著提高材料的硬度、刚性及尺寸的稳定性等。

PETG

PETG是一种透明生物基塑料，属于非结晶型共聚酯。通常采用甘蔗和乙烯生产的生物基乙二醇为原料制备。它综合了PLA树脂的光泽度和ABS树脂的强度。PETG具有出众的热成型性、韧性与耐候性，热成型周期短、温度低、成品率高。PETG材料的收缩率非常小，并且具有良好的疏水性，无须在密闭空间里贮存。由于PETG收缩率低，在增材制造过程中几乎没有气味，使得PETG在增材制造领域具有更为广阔的开发应用前景。PETG为环保材料，打印模型出料畅顺，不易堵头，制品光泽度高，强度高，表面光滑，具有半透明效果，产品不易破裂。

表6-2 增材制造常用的PA材料及性能

材料	性能
PA6	主要用作合成纤维，含芳香基团的尼龙纺丝得到的纤维称为芳纶，其强度可与碳纤维媲美，是重要的增强材料，在航天工业中被大量使用
PA11	坚固耐用，高伸长率，高冲击强度，用于卡口连接、活动铰链、接头、管道、夹具、固定装置和模具
PA12	密度小、熔点低、热稳定性好，分解温度高，耐蚀、耐磨损，用于汽车、航天、消费品领域的功能性原型制造和小批量生产的部件

聚乳酸（PLA）

PLA是由玉米等谷物原料经过发酵、聚合、纺丝制成的一种新型的可生物降解的热塑性树脂。在其生产过程中，首先将玉米中的淀粉提炼成植物糖，然后将植物糖经过发酵形成乳酸，乳酸再经过聚合生成高性能的乳酸聚合物，最后将这种聚合物经过熔体纺丝等纺丝方法制成PLA纤维。PLA的纺丝可采用溶液纺丝和熔融纺丝两种方法来实现。目前，熔融纺丝法已经成为PLA纺丝加工的主流方法。

PLA在增材制造过程中不会像ABS树脂线材那样释放出刺鼻的气味，同时它的变形率小，仅是ABS树脂耗材的1/10~1/5，并且具有卓越的可加工性和生物可降解性，所以已成为目前市面上所有FDM工艺的桌面型增材制造设备最常使用的材料。由于PLA具有生物可降解性、良好的热塑性、可加工性、生物相容性及较低的熔体强度等优异性能，所以用它打印出的模型更易成型，表面富有光泽，并且色彩艳丽。采用PLA作为增材制造工艺耗材而成型的制品强度高，韧性好，线径精准，色泽均匀，熔点稳定，具有很好的生物相容性。

聚苯乙烯（PS）

聚苯乙烯塑料具有质量轻，表面硬度高，透光率高达90%的特点，其透光率仅次于普通玻璃和有机玻璃。PS塑料还具有良好的耐蚀性能、抗反射线性和低吸湿性（仅为0.05%）。PS塑料的加工性好，可用注射、挤出以及吹塑等多种方法加工成型，制成的产品尺寸稳定，机械强度高。聚苯乙烯塑料的另一个重要优势是电绝缘性能好，因此广泛用于电器中，如收音机外壳、电视机上的耐高压绝缘材料等。此外，聚苯乙烯还大量用来制作餐具、包装容器、日用器皿、玩具、汽车灯罩以及各种模型材料、装饰材料等。聚苯乙烯的缺点是质脆易裂，抗冲击性和耐热性差，需通过改性处理来改善和提高性能。PS的粉料经过改性后，可作为SLS成型的原料。

聚乙烯醇（PVA）

PVA是一种生物可降解的合成高分子材料，其最大的特点是具有水溶性。作为一种应用于FDM工艺中的新型耗材，在打印过程结束后，由PVA打印组成的支撑部分能在水中完全溶解且无毒无味，可以很容易地从模型上清除，因此PVA在打印过程中是一种很好的支撑材料。

热塑性聚氨酯弹性体橡胶（TPU）

弹性体高分子材料的玻璃化温度低于室温，断裂伸长率大于50%，外力撤除后复原性比较好。聚氨酯弹性体是弹性体中比较特殊的一大类，聚氨酯弹性体的硬度范围和性能范围很宽，因此聚氨酯弹性体是介于橡胶和塑料之间的一类高分子材料，可加热塑化，化学结构上没有或很少交联，其分子基本是线型的，然而却存在一定的物理交联，这类聚氨酯称为TPU。

TPU（Thermoplastic Polyurethanes）全称为热塑性聚氨酯弹性体橡胶，主要分为聚酯型和聚醚型两类。TPU耐磨、耐油，透明且弹性好，广泛应用于玩具、日用品、体育用品、装饰材料等生产领域。为满足越来越多领域的环保要求，无卤阻燃TPU可以代替软质PVC。用于增材制造的TPU是介于橡胶和塑料之间的一种成熟的环保材料，其制品目前广泛应用于医疗卫生、电器电子、服装及体育等方面。

液态光敏树脂

光敏树脂是加有紫外光引发剂（或称光敏剂）的由聚合物单体与预聚体组成的树脂，可在波长250~300nm的紫外光照射下立刻发生聚合反应而固化。光敏树脂材料通常分为三类，自由基光固化树脂、阳离子光固化树脂和混杂型光固化树脂，包括不饱和聚酯、环氧丙烯酸树脂、聚酯丙烯酸酯、聚醚丙烯酸酯和聚氨酯丙烯酸酯等。自由基聚合反应是光敏树脂固化中最常见的反应类型，其反应后的体积收缩会大幅降低成品的精度。阳离子光固化体系在聚合完成后可在无光条件下继续反应，固化速率慢，受湿度影响大。混杂聚合体系结合了自由基光固化体系与阳离子光固化体系的优点，产品收缩率明显降低。常用于增材制造的光敏树脂为环氧树脂。用于增材制造的光敏树脂通常具有以下特性：低黏度、低固化收缩率、固化速率快、溶胀小、高光敏感性、高固化程度和高湿态强度等。

生物油墨

生物油墨由医用水凝胶、生物交联剂和活细胞共同组成。水凝胶具有亲水基团，可吸收大量水，具有三维网络结构，能被水溶胀但不溶于水。水凝胶良好的生物相容性和可降解性能，可分为天然水凝胶和合成水凝胶。天然水凝胶包括海藻酸钠、琼脂等，力学性能较差，应用十分受限。合成水凝胶的结构、成分和交联度可调，可进行大规模生产制造，应用相对广泛。增材制造工艺中已有水凝胶的应用，例如纤维素、动植物胶和PVA水凝胶。其中，PVA水凝胶与人体组织具有很好的相容性，被广泛应用在生物医学各领域。水凝胶也被应用于传感材料、生物工程支架、智能药物释放材料等领域。

水凝胶的增材制作工艺主要为光固化成型和直写成型。水凝胶的光固化成型与光敏树脂类似，直写成型是更为常用的一种水凝胶增材制造方式。

二、高分子材料在产品成型中的应用

1. 增材制造PEKK集成飞机零件

增材制造是逐层构建组件，因此，工程师可以将零件组合在一起成为单个组件，而不是连接多个零件。赫氏公司使用经过NAS测试的聚醚酮酮（PEKK）的热塑性塑料打印了具有三个开口的风管组件（图6-37），并应用于管道。

2. 增材制造的风筝"光亮小人"

2012年，基于亚历山大·格拉汉姆·贝尔（Alexander Graham Bell）（电话发明者）设计的泰特拉风筝，英国威尔士艺术家希瑟（Heather）和伊凡·莫里森（Lvan Morrison）设计出名为"光亮小人"（Little Shining Man）的立体风筝（图6-38）。该立方体风筝由碳纤维棒复合材料和特殊设计的增材制造的尼龙连接器构成，将23000个连接器连接在一起形成黄铁矿的几何结构。整个风筝像失重状态一样飘浮在空中。

3. 3D打印泡沫高聚物

桌面金属（Desktop Metal）采用子公司Adaptive 3D发明的弹性体3D打印技术，开发了新型泡沫材料，能够制造同时保持座椅预期性能和舒适度的轻型汽车和卡车泡沫座椅。

Adaptive 3D使用其独特的FreeFoam树脂和ETEC Xtreme 8K DLP系统进行3D打印，打印部件包含分散的热活化发泡剂，可在材料内部形成闭孔，这种高度可控的工艺使FreeFoam树脂能够根据树脂的等级按照2~7倍持续扩大打印尺寸，从而在所需的公差范围内制造最终部件，同时可以调整想要的柔软度或硬度。此种方法生产的打印部件可以在160~170℃的烘箱中通过短暂加热循环实现按需膨胀（图6-39）。

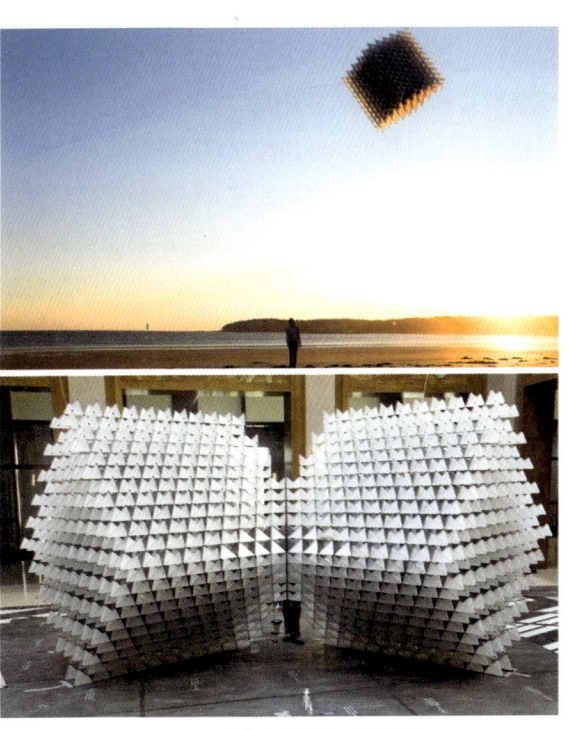

图6-38 "光亮小人"立体风筝

图6-37 具有三个开口的风管组件

图6-39 3D打印泡沫高聚物

这种新工艺使3D打印机生产比打印机原始构建区域更大的最终泡沫部件成为可能。生产出的泡沫打印部件能够压缩，并以紧凑的尺寸运输，用户只需在组装或使用时使其膨胀展开即可。Adaptive3D通过无味、耐应变、抗撕裂、高韧性、生物相容性橡胶和类橡胶材料的增材制造，实现批量零件的生产。此种工艺在保证高产量的基础上保持低生产成本和卓越的材料性能，目标客户涵盖医疗保健、工业、运输以及石油和天然气市场。

4. 3D打印汽车座椅

惠普利用复杂的晶格几何形状来修改弹性材料（TPU和TPA）的柔韧性，用于使用多喷射聚变技术生产汽车座椅部分。

豪华汽车制造商保时捷在2020年推出了一款全新概念车，车身和座椅均采用3D打印制成。专为跑车设计的斗式座椅集成了膨胀聚丙烯（EPP）和由聚氨酯材料制成的3D打印晶格层。并且此3D打印晶格层可根据司机的舒适性偏好进行个性化定制。最外层由Race-Tex材料制成，这种防滑材料提供了充足的支撑，独特的穿孔表面可改善座椅的被动通风性能。中间层为透气舒适层，由3D打印聚氨酯基材料制造。3D打印舒适层在设计上采用了点阵晶格结构，这是一种典型的面向增材制造而设计的方式。最底层是由发泡聚丙烯（EPP）制成的底座支撑，与3D打印透气舒适层结合在一起。不同层之间采用了创新性的连接技术，不需要黏结剂即可对不同模块进行连接（图6-40）。

5. IceN透明树枝笔

通过研究被冰冻过的树枝，设计师金建宇（Geonwoo Kim）利用其形态制作成注入墨水的可替换3D打印笔芯。这支笔代表了环境意识与可重复使用性的结合。金建宇意识到文字与自然之间美的联系，用IceN透明树枝笔巧妙地向大地母亲致意颂歌，将设计与自然融合（图6-41）。

6. Limbe 捕水瓶盖（设计师：Fabien Roy）

Limbe捕水瓶盖可以神奇地"将空气转化为水"，它也是一种新型的除湿机，无需电就可以为用户提供饮用水。其独特的叶子部件由3D打印技术及PET材料制成，灵感来源于水滴在叶子表面的凝结方式，复杂结构有助于将水滴沿着"叶子的静脉"向下引导到中心轴，从而将水收集到容器中。除此之外，在一些干旱缺水的贫困地区，Limbe也能够以相对较低的成本产出部分饮用水，真正帮助缺水人群（图6-42）。

7. 匹克3D打印跑鞋

2017年，匹克发布了3D打印运动鞋Future I，成为国内第一家发售3D打印鞋的运动品牌。随后，匹克的3D打印FUTURE ULTRA LIGHT跑鞋在上海马拉松和神户马拉松惊艳亮相，支持选手完成全马比赛征程（图6-43）。

相较之前匹克自身及各大运动品牌的3D打印鞋款，"全3D打印"是"Future Fusion"的最大亮点。这款鞋的底采用SLS打印技术，制造全镂空鞋底结构来最大程度上降低运动鞋的重量。"Future Fusion"采用FDM打印技术制作鞋面。同时，3D打印在颜色及图案呈现方面也表现出更大的可创作空间。

图6-40 3D打印汽车座椅

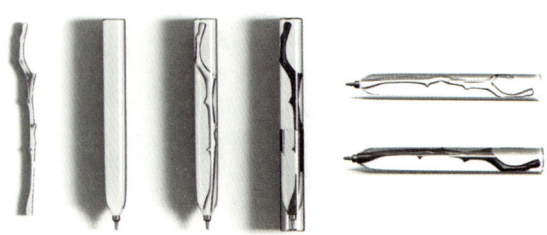

图6-41 IceN透明树枝笔

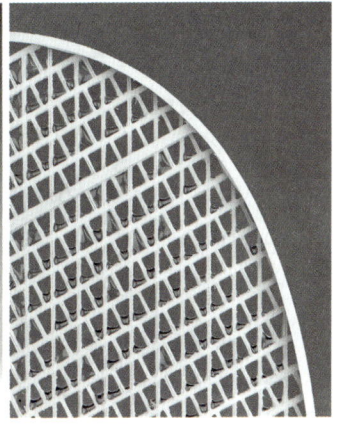

图6-42　Limbe 捕水瓶盖

图6-43　匹克3D打印跑鞋

? 思考题

1. 产品成型常用的材料分类有哪些？
2. 产品成型常用的金属材料有哪些？分别有哪些性质？
3. 产品成型常用的无机非金属材料有哪些？分别有哪些性质？
4. 产品成型常用的高分子材料有哪些？分别有哪些性质？

参考文献

[1] 张公明. 现代产品成型设计与工艺［M］. 济南：山东美术出版社，2012.

[2] 卢秉恒. 增材制造技术——现状与未来［J］. 中国机械工程，2020（1）.

[3] 王磊，卢秉恒. 我国增材制造技术与产业发展研究［J］. 中国工程科学，2022（4）.

[4] 姜斌. 创意产品CMF（色彩、材料与工艺）设计［M］. 北京：电子工业出版社，2019.

[5] 陈雪芳，孙春华. 逆向工程与快速成型技术应用：2版［M］. 北京：机械工业出版社，2018.

[6] 赵占西，黄明宇. 产品造型设计材料与工艺［M］. 北京：机械工业出版社，2016.

[7] 朱红. 3D打印材料［M］. 武汉：华中科技大学出版社，2017.

[8] 史玉升，伍宏志，闫春泽，等. 4D打印——智能构件的增材制造技术［J］. 机械工程学报，2020（15）.

[9] 王永信，宗学文. 光固化成型技术［M］. 武汉：华中科技大学出版社，2018.

[10] 杨永强，王迪. 选择性激光熔融3D打印技术［M］. 武汉：华中科技大学出版社，2019.

[11] 闫春泽，史玉升，文世峰，等. 激光选区烧结3D打印技术上下［M］. 武汉：华中科技大学出版社，2019.

[12] 成思源，杨雪荣. 逆向工程技术［M］. 北京：机械工业出版社，2018.

[13] 郑德炯. 逆向工程中点云数据预处理技术研究［D］. 杭州：杭州电子科技大学，2016.

[14] 李立新. 散乱点集曲面重建的理论、方法及应用研究［D］. 杭州：浙江大学，2001.